焦糖，甜甜心
CARAMEL

果醬女王
于美芮

推薦序 *Preface*

　　什麼～只講焦糖也可以出書？簡單又單純主題的食材——焦糖，到于美芮的手中，美味就不簡單了，越簡單越是不簡單，沒錯！這就是我了解的于美芮。追求極致的態度與令人激賞的手藝，再再共鳴出精采絕倫的作品，那身懷法國廚藝學校淬煉出的真功夫，永遠可以讓食材經典呈現在味蕾中，縈繞於舌尖，烙印於心。

　　焦糖各式各樣的煮法、焦糖醬的種類、焦糖做得糖果與甜點，琳瑯滿目到讓人目不暇給，尤其是那自煮焦糖的甜香，豈是市面上香精調味出的焦糖醬所能比擬！自製焦糖的獨特風味加上富饒美味與新穎的創意，點綴出糖果與甜點的與眾不同，色、香、味上的完美平衡，每一個甜點入口，那震撼我心的感動，是忙碌生活中的超級小確幸。

　　焦糖與甜點在舌尖上共譜出的交響曲，令人讚嘆不已，現在你可以真切的體認到這舌尖上的無限美味，因為美芮的食譜書，每一個步驟都清清楚楚到讓人淺顯易懂，就算是第一次接觸自製焦糖也可以輕鬆自在，第一次使用自製焦糖做甜點也可以遊刃有餘。家中擺上一罐自製焦糖，隨時隨地讓自製焦糖的濃郁甜香，伴隨著每一天的甜蜜。

天成飯店集團餐飲營運部營運長

自序 *Preface*

焦糖真心話

記得，在巴黎藍帶上甜點課，高級班的甜點最後一節課，是果醬與糖果。

結束之後，就邁進拉糖工藝課程，換句話說，要學習認識「糖」、製作「糖」、變化「糖」、直到控制「糖」，必須先從做果醬和糖果開始。

當時，我在班上的成績算是後面倒數幾名，只有果醬與糖果那一節課，意外得到主廚的讚賞，全班都做出又扁、又塌的糖果，只有我手上的是立體的四方形，好看又好吃堅果焦糖。

為何能夠做出全班最好的堅果焦糖，只有我心裡有數，成功最大的原因，應該全拜一不小心，秤錯材料之賜，我足足秤了比別人多一倍的堅果，哈哈！

多年以來，我在台灣做糖果，只做大家認識的法式水果軟糖，根本把堅果牛奶糖拋到九霄雲外，堅果類的糖果，應該是中式的牛軋糖、南棗核桃糕和花生糖。

前年，夏天起開始做糖果，是因為，天天做果醬，也許做點別的甜點，能夠換換心情，達到療癒作用，如果說，做甜點是一種療癒，我想，做完糖果才需要看病，原本以為做太多果醬，需要新的刺激，事實上，選擇做糖果才是瘋狂，真正的鬱悶，從那段時間開始，我的睡眠品質低落，糖果做不好，總是太軟或太硬，切不動、黏刀或變形……簡單的糖果，超多的問題。

一旦投入某個工作，就必須整個人投入，在練習中犯錯，在犯錯中進步，由於做不好糖果，那一陣子，我經常日有所思、夜有所夢，有時候睡不著，乾脆半夜起床，溜進廚房動手做糖果。

夜深人靜的時候，看著冰箱門上，貼滿密密、麻麻的配方，思考製作流程與溫度在精準與差一點點之間的天壤之別。反覆練習和實驗，檢討失敗原因。

之後，糖果也不再無動於衷，當切下糖果那一刀，便知道彈性十足，外表光亮，軟硬度適中，不再會軟黏、或過硬、風味都在平衡中遊走，做好一顆糖果的樂趣從此開始。

做果醬，使用家庭廚房設備，加上不複雜的材料和簡單的器具就能完成，保存期限長，經過包裝，適合與大家分享。做糖果，也是一樣。

焦糖，一向扮演是甜點界的最佳配角，我想，這次以焦糖為主題的書，有糖果、布丁、甜點、麵包……為了讓焦糖有機會從最佳配角變成最佳主角，於是這本書出版了。

這是一本宣誓我愛焦糖的書，如果你也打算開始動手做焦糖，良心建議，趕快先主動互聯（Line、Wechat、FB）你的好友圈吧！和所有愛焦糖的人分享，分分、秒秒，苦澀又甜蜜的焦糖時刻。

祝好運。

Part 3　糖果：焦糖、太妃糖、牛奶糖

Part 4 焦糖與甜點

Part 1

在進入
焦糖之前

About caramel

在學習一樣新的東西之前，
我們要認識它、了解它，
在進行實際操作時，才能更游刃有餘！

糖的家族
The type of sugar

■ **蔗糖**（Cane sugar）

製作糖原料有甘蔗和甜菜，在台灣僅有甘蔗，所以稱為蔗糖。

◆ **砂糖**（sugar）可以分為

» **精糖**（Granulated sugar）

精緻過的結晶糖、純度在99.8％。

» **二砂（黃糖）、黑糖（紅糖）**（Brown sugar）

尚未精緻的粗砂糖，保有特殊風味和顏色。

» **糖粉**（Icing sugar）

砂糖磨成粉容易溶解，也因為吸濕作用容易結塊，所以一般市售糖粉會多加入3％玉米粉，所以，製作馬卡龍……等甜點。需要特別註明購買純糖粉。

» **冰糖**（Rock sugar）

有透明與黃色兩種，糖漿濃度約70～72Brix，倒入容器放置於45～60℃室內環境。約兩周後產生大型結晶，經過洗滌、分蜜[1]、乾燥即完成冰糖製作。

» **糖蜜**（Molasses）

煮沸的糖漿濃縮之後，分蜜，將蔗糖結晶取出之後剩下的糖漿，或者洗滌粗糖的糖漿都稱為糖蜜。

■ **甜菜糖**（Sugar beet）

甜菜根提煉的食糖，1747年化學家馬格拉夫，首次從甜菜中分離出糖份，並於1812年在法國發展出以甜菜製糖的技術。

■ 轉化糖（Invert sugar）

以玉米或者小麥、木薯、玉米和馬鈴薯等澱粉，經過酸或酵素轉化，所得到的糖稱為澱粉糖，其水解程度以 DE[2] 來表示。

» 麥芽糖（Maltose）

能取代蔗糖用量，甜度約占蔗糖的 40% 與蔗糖相混合使用。

» 玉米糖漿（Corn syrup）

由玉米的澱粉製成，或稱作葡萄糖漿（Glucose），葡萄糖漿是澱粉液經水解後所產生的單醣、雙醣或多醣混合液。

» 加糖煉奶（Sweetened condensed milk）

是全脂牛奶加糖經過濃縮糖量高達 58％ 以下，水份低於 27％，能夠長期保存並具有香氣。

» 焦糖煉奶（Caramel condensed milk）

將煉奶罐頭放入高溫烹煮，讓乳糖因高溫而產生焦糖化的褐色與風味。

■ 糖漿（syrup）

» 楓糖漿（Maple syrup）

帶有楓樹香味琥珀色的糖漿，取之於糖楓、紅楓或者黑楓樹，提煉出的糖漿。糖漿顏色越淡品質越高。

» 蜂蜜（Honey）

蜂蜜加熱並不會產生毒素，用於烘培、熱飲，但高溫會使大部分營養成分遭受破壞。通常不建議這樣使用。

◆ 甜度比一比

果糖 115 ＞蔗糖 100 ＞葡萄糖 64 ＞麥芽糖 46 ＞乳糖 38

分蜜[1]：糖的晶體會和濃縮的蔗汁混合在一起，然後再採用離心方式進行分蜜，將蔗糖晶體分離出來。

DE[2]：DE（Dextroseequivalent）等量葡萄糖的水解程度，D.E. 值越高表示澱粉水解程度愈高，產物分子越小，口感也越甜。如果以葡萄糖的 D.E. 為 100，澱粉 DE 是 0，麥芽糖飴 D.E. 是 42 ～ 47，一般依澱粉糖水解程度（糖化度）的不同，DE 在 10 ～ 50 之間，在甜味度、溶解性、粘度、結晶性、吸濕性等性質上有差異。

糖的溫度與用途
Temperature & explanation

溫度℃	狀態	糕點用途	在冷水中反應
100	Nappé 沸騰 Clear	果醬	糖漿散開無形狀
103~105	Petit filé 批覆狀 Clear	芭芭蛋糕	散開成 2～3mm 的 小細絲狀
107~109	Grand filé 細絲狀 Silk	果凍 水果軟糖	散成細絲如 蜘蛛網般
110~113	Petit perle ou petit souffé 硬絲狀 Threzd	糖漬栗子糖漿 拔絲甜點	形成細長絲
115~117	Grand souffé 軟球狀 Soft ball	義式蛋白霜 帕林內 Fudge 糖奶油醬	形成不成形 的軟球狀
118~120	Petit boulé 球狀 firmball	翻糖 焦糖（牛奶糖）	形成軟球狀
125~130	Grand boulé 硬球狀小裂狀 Hard Ball	杏仁膏 軟太妃糖 棉花糖	可改變形狀的硬球
135~145	Petit cassé 硬糖絲 Hark crack	爆米花 軟牛軋糖	很硬的長絲
150~155	Grand cassé 碎裂狀 Hark crack	太妃 硬花生糖 硬牛軋糖	形成易碎的長絲
160	Caramel clair 融化糖 Caramel	淺色焦糖醬汁	淺色濃稠液體
170~180	焦糖 Caramel	深色焦糖醬汁	深色濃稠液體

糖的濃度
Sugar Concertration

糖的濃度會以 Brix 計來測量，Brix（白布利）是以％來當作測量的單位。

◆ 白布利（Brix）和波美度（baumé）

» **白布利（Brix％）**

Balling 刻度最早由波希米亞化學家 KarlBalling 所提出。Brix 刻度則是在 Balling 的基礎上計算而來，由 AdolfBrix 所提出。Plato 刻度也是 Ballingscale 的改進，由德國人 FritzPlato 所提出。Balling 計算比重至小數點後 3 位、Brix 到第 5 位，Plato 則到第 6 位。

» **波美度（°Bé）**

表示溶液濃度的一種方法。把波美比重計浸入所測溶液中，得到的度數叫波美度。波美度以法國化學家波美（Antoine Baume）命名。波美是藥房學徒出身，曾任巴黎藥學院教授，他創制了液體比重計。

（單位換算網站：http://www.onlineconversion.com/brix_and_baume.htm）

◆ 糖量越高糖的濃度也越高？

糖度 Brix60％，是指100g 糖溶液中含有 60g 砂糖，100g 水中含有 20g 砂糖就是 Brix20％。

◆ 觀念

當糖與水混合成糖漿溶液，當加熱且溫度上升時，水分會開始蒸發，溫度越高水分蒸發越多，糖漿中糖的濃度也會隨之增加，溫度降低時糖漿中的糖的濃度也會跟著減少。

糖漿溫度 ℃	糖漿濃度 brix%	糖漿溫度 ℃	糖漿濃度 brix%
100.2	10	108.2	78
100.3	20	109.3	80
100.6	30	112	84
101.1	40	115	87
101.9	50	118	89
103.1	60	120	90
104.2	66	122	91
105.2	70	124	92
106.5	74	130	94

（參考：「西式糕點材料的調理」科學砂糖濃度與沸點部分摘要。）

» 砂糖的結晶計算

· 當糖漿溶液溫度達到 112℃糖漿濃度為 Brix84％

· 當糖漿溶液溫度達到 40℃糖漿濃度 Brix70.42％

· Brix84％ -Brix70.42％＝ Brix14.42

· 蔗糖超過水的濃度為約 Brix14％，稱為過飽和狀態，過飽和狀態能夠製作出砂糖的結晶。

» 翻糖製作法（Fondant）

　　糖漿煮到 115 ～ 118℃之後讓溫度下降到 40℃之後，激烈攪拌就能產生白色結晶。

糖的介紹
Introduction

◆ 什麼是焦糖？

　　蔗糖加熱之後會隨著溫度上升而產生溶解、脫水、結晶等作用，加熱時的蔗糖會慢慢轉變成為深褐色，味道也隨著改變而出現焦味，就是蔗糖經過褐變後變成焦糖。

> 焦糖化的產物包括：醛類（Aldehyde）酮類（Ketone）聚合物（Polymer）有機酸（Organicacid）和二氧化碳⋯⋯等。

◆ 焦糖化反應和梅納反應的褐變不一樣？

梅納反應 Maillard reaction	焦糖化反應 Caramelizaton
物質中含有還原糖胺基酸或蛋白質在高溫中一起產生的褐變的顏色和風味。	當蔗糖加溫到 170℃以上（或加酸處理）因褐變產生焦化作用，轉變成棕色蔗糖稱為焦糖（caramel）。
烤麵包或者烤牛排表面的金黃色與深褐色。	焦糖的顏色能為醬油、可樂和醋，增加色澤做為醬色使用。

◆ 我的焦糖醬壞了嗎？

　　焦糖醬產生油水分離狀態？冷卻之後，發現結晶或者翻砂現象，當食譜中的水分太多時，或者烹煮時間太短，煮糖時候過多或不恰當的翻動攪拌，食材無法完整乳化，糖漿因為不當的翻動，當焦糖醬冷卻之後，便會產生油水分離[1]、結晶或者翻砂[2]現象，這樣的現象，並不代表焦糖醬敗壞了。

焦糖油水分離

油水分離[1]：焦糖醬擺在室內常溫，可以透過隔水加熱或者將部分焦糖取出放入微波爐加熱，再與焦糖醬混合，就能夠再度融合一起。

翻砂或者結晶[2]：焦糖醬放回鍋中，加入少許澱粉糖漿如：玉米糖漿、葡萄糖漿，再重新加熱，改善焦糖不良品質。

◆ 牛奶糖（Milk Candy）

細膩疏鬆，韌性堅強。主要成分為砂糖、乳製品、油脂、明膠、香料。雖微軟質但是屬於硬糖類，牛奶糖有柔軟的型態和堅固不變的韌性，是因為明膠吸附水分結合之後，展開的網狀結構，所以牛奶糖能夠有韌性和柔軟性展現出來，主要是膠質的功效。

◆ 太妃糖（Toffee）

顏色從金黃到棕色。太妃糖是一種乳香味濃郁光滑的硬糖，風行世界跨越許多世代，口感滑嫩不黏牙、不黏紙。

» 焦糖（法式奶油焦糖）（Caramel）

細膩、輕微彈性，顏色深且柔軟。油脂高、有特殊香氣、水分低，屬於半軟質糖類。

» 膠質太妃糖

主要材料為砂糖、乳化物（牛奶、奶油、煉奶、奶粉……）、動物或植物膠，製作滑潤與細緻，同時要注意油脂含量與總還原糖量。

» 還原糖

除了蔗糖、海藻糖外所有單醣及雙醣都具有還原性，葡萄糖寡糖、果糖、乳糖、麥芽糖。

» 砂質太妃糖

砂糖產生結晶、產生特殊口感。

» 富吉糖Fudge（乳脂軟糖）

略帶結晶、不黏牙、顏色較淺，屬於砂質太妃糖。

◆ 太妃糖比較表

硬質太妃糖	膠質太妃糖	砂質太妃糖
表面光滑層次分明、糖皮酥脆均勻。	表面光滑口感細膩有韌性和咀嚼性，不黏牙、不黏紙。	軟硬適中、結晶細微組織緊密口感細膩、不黏牙、不黏紙。

◆ 太妃糖做法

  » **硬質太妃糖**

  » **砂質太妃糖**

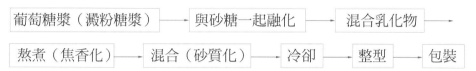

  » **富吉糖**

（參考及節錄《最新硬糖製造學：太妃糖特性》）

◆ 太妃糖與焦糖的比較

到底我們口中常常吃到到的焦糖（Caramel）是不是太妃糖（Toffee）？
而焦糖（Caramel）和牛奶糖（Milk candy）又有什麼不一樣？

　　本書介紹的糖果事實上全部都是焦糖，基本上所有的糖果做法都是焦糖，焦糖的質地比較堅硬，在一般人口中大多稱為太妃糖，而顏色比較淺大家又稱為牛奶糖。牛奶糖則是亞洲地區（台灣、日本、韓國）給焦糖的特別稱呼，是屬於硬質焦糖。

　　事實上，太妃糖和焦糖在顏色和口味上，比較接近，其實很難分清楚，最大的不同是做焦糖的基本材料有砂糖、鮮奶油、牛奶和奶油，焦糖有彈性，軟糖咀嚼有時會黏牙，硬糖則不黏牙。太妃糖基本以砂糖和奶油為主，比較沒有彈性，喜歡吃太妃糖，通常會享受含在口中慢慢化開的焦糖滋味。

  » **太妃糖 VS. 焦糖**

材料 種類	奶油	砂糖	紅糖或蜜糖	鮮奶油	鹽	牛奶	煉奶	色澤	終點溫度	種類	質地	風味
太妃糖	✔	✔						深	150℃	硬糖	沒有彈性	焦香味
焦糖	✔		✔	✔	✔	✔	✔	深	120℃	硬軟糖	有彈性與嚼勁	奶油焦香味

1-5 在進入焦糖之前

糖果的小故事
Candy tale

◆ 太妃糖（英國）

一種西式糖果，用焦糖或糖蜜和奶油做成硬而難嚼的糖，製作方法是將糖蜜、紅糖煮至非常濃稠，然後用手或機器攪拌，直到糖塊變得有光澤並能保持固態形狀時為止，即完成。

聽說在西印度群島 TAFIA 一種由萊姆酒做成的廉價糖果，19 世紀英國引進大量奴隸，同時也在砂糖全面降價時，將砂糖與糖漿煮出糖果，讓一般民眾能夠做為招待的甜食點、「塔菲（toughy）」，實際上是指它的耐嚼的韌性。據說這一個名詞是來自南部的英國方言，而英國的 Taffy 糖果口感是有嚼勁和爆漿。

◆ 牛軋糖（歐洲）

又名鳥結糖，英文／法文：nougat，傳統上是一種由麥芽糖、砂糖、奶油、奶粉、蛋白、堅果（如：花生、杏仁、核桃、開心果或榛果）、果乾及花瓣（如：蔓越莓、黃金柚、芒果、柳橙、龍眼、桂花……）等混合製成的糖果。

歐美製作的牛軋糖口感不同，由玉米糖漿、奶粉、大豆蛋白質、植物油等混合製成，口感較鬆綿。

◆ 蘋果糖衣（美國）

　　據說這是美國糖果商 WilliamW.Kolb 在 1908 年，耶誕節時他首度將蘋果裹上紅色糖衣，展示在店內，在當時很快就賣完了，因此逐年受到大家歡迎，隨即全美普遍。

◆ 冰糖葫蘆（中國）

　　在中國天津人稱它為「糖礅」，青島人稱它為「糖球」，傳統的冰糖葫蘆是在冬天販賣的，由於外層的糖漿被寒冷氣溫凍的非常堅硬，所以咬起來像在吃冰，故得名為「冰糖」葫蘆。而串在竹籤上的山楂，僅看其中兩個時，像極了「葫蘆」的外形。由於這兩種原因，故它得名為「冰糖葫蘆」。

　　相傳它的由來，南宋光宗的黃貴妃病了，大夫開的藥方是冰糖山楂。酸甜口味除了獲得貴妃喜愛，山楂果實可生用或炒黃焦後入藥，具有消食積、散淤血、驅條蟲、止痢疾的功效，特別是助消化，自古為消食積的良藥。且山楂富含維生素 C、鈣和胡蘿蔔素……等養分，於是從公盅傳開之後，就變成一道營養又美味的小吃。

製作焦糖醬守則

Standard caramel sauce

◆ 準備乾抹布（耐高溫手套）。

◆ 焦糖的溫度非常非常的高，又非常黏，如果你是新手，萬一不小心被剛做好的焦糖滴到手，要馬上沖冷水，持續 10 分鐘，或馬上浸泡在冰水中，接著到醫院看醫生，所以，準備一鍋冰塊在旁邊待命是必要的。

◆ 選用大鍋子，寧願選大一點的鍋子也不要使用太小的鍋子，當鮮奶油倒入焦糖漿時會瘋狂冒出焦糖泡沫，不至於流出來四處都是焦糖漿。

◆ 用便宜的或者底部不夠平整的鍋子，高溫會釋出不好物質的鍋子都不適合，厚底鍋、不鏽鋼鍋或者銅鍋都可以拿來做焦糖醬，銅鍋圓底比平底鍋更適合。

◆ 製作濕性焦糖，要避免攪拌，因為容易造成糖的結晶，而且是肉眼無法看穿。製作時只要輕輕左右搖晃鍋子，避免因溫度不平均，而造成局部太早燒焦。

◆ 確定鍋子內部是乾淨的，若鍋子邊緣有濺出的糖，可準備一點水和刷子，將刷子沾濕後，將鍋子的內部糖結晶，刷入糖漿。

◆ 製作乾性焦糖，要注意集中火力，而導致部分焦糖溫度快速上升，所以只需要適時搖晃，讓焦糖受熱火力平均即可。

製作糖果守則
Standard caramel

◆ 溫度

預測溫度計的準確性，因為溫度計相差 1~2℃，就可以影響糖果的軟硬度，可將水燒開到溫度到 202℃，把溫度計投入，可看出溫度計的高低溫度，便可以來調整配方上溫度的標準。或者按照糖漿在冷水中的狀態與形狀判斷，可將糖漿投入冷水中，使糖漿馬上冷卻，利用狀態來判斷糖的溫度。

◆ 乾淨

將製作器具擦拭乾淨，無油脂或者汙染。

◆ 材料

材料純正，秤砂糖不可以使用秤過麵粉之後的容器，因為糖不可被其他原料汙染，否則會影響糖果品質。

◆ 器材

製作糖果所有的器具和模具，都必須在煮糖之前全部準備好，做好糖果的溫度持續不斷上升再下降，萬全的準備都能夠避免造成你不想要的後果。

◆ 耐心

煮糖的過程中，不要急著沸騰，大火容易燒焦，隨著時間慢慢的產生焦化，小火慢慢煮，大火容易在無意中讓溫度煮過頭。

◆ 高溫

糖溫度和危險僅次於廚房中的滾沸熱油，如果新手製作焦糖一定要特別注意安全。

◆ 攪拌

很多人認為煮糖不要攪拌，但沖入鮮奶油後的焦糖漿，攪拌能使糖的結晶更為細緻。

◆ 觸摸

糖溫度很高，切勿將手指直接觸摸高溫焦糖，因為會被燙傷。

材料介紹
Ingredients

◆ 奶油（Butter）

奶油又稱作黃油或者牛油，基本上原料採用牛或（綿羊、公牛、山羊）的奶提煉製成。奶油的油脂通常達到85％，含水量15％，冷藏的奶油是固體油脂，大約在溫度15℃以上就會開始變軟，32℃～35℃，就會開始融化成液體。一般分為有鹽奶油和無鹽奶油兩種，烘培通常使用無鹽奶油。

» **澄清奶油**（Clarified butter）

將奶油加熱溶化之後，產生油水分離現象，黃油在上，沈澱在底部的是奶和水，將奶水的部分去除（過濾）後，剩下的黃油稱之為澄清奶油。

» **印度酥油**（Ghee）

印度的 Ghee（ㄍㄧ丶）是澄清奶油，奶水去除之後，再把黃油加熱到120℃，產生的抗氧化作用，能讓 Ghee 在常溫之下保存6到8個月，而不致於酸敗。

◆ 鮮奶油（Cream）

鮮奶油和牛奶都是由牛的生奶而來，牛奶的乳脂肪含量大約在 3.7％，鮮奶油的乳脂肪含量大約在 35％～ 50％。

通常以油脂的高低來劃分產品，含油脂 30％～ 40％是打發鮮奶油，也是烘培甜點經常使用的鮮奶油。食譜書上常見的鮮奶油（half and half）含有 10.5 ～ 18% 的脂肪。使用在飲料與咖啡的鮮奶油含有 18％～ 30％脂肪，一般來說普通鮮奶油則是含 25% 脂肪。

植物性鮮奶油則是將乳脂肪部分的油脂，以植物性的油來替代，如：椰子油、大豆油……等。

» 椰漿（Coconut Cream）

成熟的椰子剖開，裡面的半透明帶甜味的是椰子汁，果肉直接擰出來的白色水分稱之為椰漿，果肉與水混合之後，擰出來的白色水分就是椰奶，椰漿含有高度油脂，通常運用在東南亞料理。

◆ 鹽之花（Fleur de sel）

法國最經典天然海鹽產地──布列塔尼地區所生產的海鹽，鹽之花鹹味圓潤輕柔、回甘悠長。以其當地獨有的氣候水域和自然條件結晶而成的天然海鹽。

工具介紹
Equipments

◆ 1KG 料理秤

◆ 溫度計刮刀

◆ 耐熱矽膠刮刀（小）

◆ 耐熱矽膠刮刀（大）

◆ 刨刀

◆ 糖盤（小）

◆ 糖刀

◆ 銅鍋或鑄黃銅鍋

◆ 不銹鋼鍋子

◆ 長方形烤模（小）

◆ 迷你 6" 連方形烤盤

◆ 方型烤模（小）

◆ 一口 12" 連杯小烤盤

◆ 迷你 6" 連長方形烤盤

◆ 圓形烤盤

Part 2

焦糖
醬汁
Caramel sauce

搭配上各式風味的焦糖醬，
能帶出相對迥異的新鮮感、幸福感，
讓你口口甜入心！

動態影片連結

2-1 製作深色焦糖醬

Dark color caramel

 材料 Ingredients

125g	鮮奶油
30g	有鹽奶油
250g	砂糖
3g	鹽之花

— Tips —

砂糖溫度達 170℃ 便會開始冒煙。溫度越高，焦糖顏色越深，顏色太深溫度過高，會變成燒焦的黑色增加苦味。

做法 Method

01
將砂糖倒入（A）鍋中，放在火爐上，轉中火將砂糖煮成焦糖色。

02
將鮮奶油倒入（B）鍋中，煮到約 80℃左右保持溫度但不需要煮滾。

03
將少許（B）鍋鮮奶油沖入（A）鍋砂糖中。

04
當砂糖煮成焦糖液，火爐要轉小火溫度達 170℃。

05
將（B）鍋的鮮奶油全部分次慢慢沖入（A）鍋的砂糖內，繼續以小火煮焦糖醬。

06
接著加入奶油，將奶油溶化並且攪拌均勻。

07
再加入鹽之花調味。

08
當奶油與鹽溶化後便完成焦糖醬。

09
趁熱倒入玻璃罐中保存。

2-2

製作淺色焦糖醬

Light color caramel

🧂 材料 Ingredients

250g	砂糖	30g	奶油	50g	水
125g	鮮奶油	3g	鹽之花		

01 將砂糖倒入（A）鍋中，放在火爐上。

02 在（A）鍋中倒入清水，讓水和砂糖均勻混合，放在火爐上以中火開始煮糖。

03 將鮮奶油倒入（B）鍋中，煮到約 80℃ 左右保持溫度但不需要煮滾。

04 砂糖煮成糖液，火爐要轉小火，繼續煮糖。

05 當糖漿液持續加溫時，部分糖漿開始呈現金黃色，溫度約 140～150℃。

06 將（B）鍋的鮮奶油分次慢慢沖入（A）鍋的砂糖內，繼續以小火煮焦糖醬。

07 接著加入奶油，將奶油溶化並且攪拌均勻。

08 再加入鹽之花調味。

09 當奶油與鹽溶化後，便完成焦糖醬。

2-3

乾性焦糖煮法

The dry caramel cooking method

做乾性焦糖，不需要加入水份。乾性焦糖，製作較簡單，只要將砂糖放入鍋中加熱，直接煮到焦糖色。

運用：焦糖布丁液、深色太妃糖、深色焦糖醬、各式料理。

材料 Ingredients

200g　砂糖

做法 Method

1. 將砂糖倒入鍋中，放在火爐上，均勻鋪平在鍋子內。

2. 爐火轉中火，砂糖會慢慢呈現部分已經煮成焦糖色，爐火可以轉小火，避免燒焦。

3. 只能提起鍋子左右搖晃一下，讓砂糖與水平均混合。

4. 或者將鍋子轉向，以配合爐火的強弱。

5. 慢慢的砂糖就完全焦糖化，沒有結粒或者燒焦的狀態而是平均呈現焦糖色。

── Tips ──

焦糖漿不能使用攪拌匙翻攪，攪拌容易讓砂糖產生結晶，造成翻砂與結塊。

2-4

濕性焦糖煮法

The wet caramel cooking method

一般來說，水份是糖量的 10％（可根據不同食譜的要求，而加入不同水量）。

為什麼煮焦糖要加入水一起煮？目的是在減緩溫度上升的速度，加熱的過程當中，不要攪拌，因水分在糖加熱的過程，會全然蒸發，作用是不讓糖的溫度一下子衝上最高點，而錯過溫度的變化。

運用：牛奶糖、焦糖奶油醬、糖的裝飾、各式法式甜點。

材料 Ingredients

250g　砂糖
25g　水

做法 Method

1. 將砂糖倒入（A）鍋中，放在火爐上準備。

2. 接著加入清水將砂糖平均混合。

3. 開始加熱煮糖漿，水分蒸發之後，砂糖溫度慢慢上升，漸漸開始冒出小泡泡。

4. 砂糖的高溫讓糖漿出現金黃色再變成焦糖色。

Tips

煮焦糖漿的方法：

煮焦糖漿，基本有兩種方法，乾性與濕性，兩者的差別在於，顏色、風味和用途。舉例來說：濕性：100g 砂糖＋10g 水，煮到 170℃。乾性：100g 砂糖，單獨煮到 170℃。

製作濃稠焦糖醬
Thick caramel cooking method

材料 Ingredients

100g	鮮奶油	150g	有鹽奶油
250g	砂糖	5g	鹽之花

做法 Method

01

將砂糖倒入（A）鍋中，放在火爐上轉中火準備煮砂糖。

02

將鮮奶油倒入（B）鍋中，煮到約 80℃左右保持溫度但不需要煮滾。

03

當砂糖煮成焦糖液，火爐要轉小火，溫度約 170℃。

04

將少許（B）鍋鮮奶油沖入（A）鍋砂糖中。

05

續續將剩餘的鮮奶油沖入砂糖鍋中。

06

接著再加入奶油，攪拌至溶化。

07

加入鹽之花調味。

08

攪拌均勻便完成焦糖醬，冷卻之後便能呈現濃稠的狀態。

2-6

製作薄稀焦糖醬

Light caramel cooking method

🧂 材料 Ingredients

400g	鮮奶油	5g	鹽之花
270g	砂糖	30g	水
50g	奶油		

01

將砂糖倒入（A）鍋中，放在火爐上準備。

02

砂糖加入清水，並開始以中火加熱。

03

將鮮奶油倒入（B）鍋中，煮到約 80℃左右保持溫度但不需要煮滾。

04

當砂糖煮成糖液，火爐要轉小火，溫度約 150℃。

05

分次將（B）鍋鮮奶油沖入（A）鍋砂糖中，避免一次全部倒入，而使鮮奶油快速膨脹，溢出鍋外。

06

接著加入奶油，將奶油溶化並且攪拌均勻。

07

再加入鹽之花調味。

08

當奶油與鹽溶化之後，關火，便完成焦糖醬汁。

09

冷卻之後的焦糖是不濃稠有流性的焦糖醬汁。

牛奶果醬

Milk jam

材料 Ingredients

60g	水
300g	白砂糖
275g	鮮奶油
3g	鹽之花
60g	奶油

做法 Method

A. 將鮮奶油放入一只小鍋中加熱，大約到 80℃，不要煮滾沸，保持溫度。

B. 奶油切成小丁放在室溫備用。

C. 取一只大鍋，放入水、 砂糖，砂糖煮到 150℃，呈現金黃色 ，分次沖入熱鮮奶油，加入鹽之花與奶油攪拌均勻，關火後，即可裝罐封存。

2-8 焦糖醬

焦糖奶油醬

Caramel sauce

材料 Ingredients

300g 糖
275g 鮮奶油
100g 奶油
　5g 鹽

做法 Method

A. 將鮮奶油放入一只小鍋，並加熱到 80℃，取一只打大鍋中，放入砂糖煮到 170℃，焦糖狀，沖入熱鮮奶油煮到 120℃。

B. 加入鹽與奶油攪拌均勻，關火冷卻後，即可使用。

2-9 焦糖醬

鹽之花焦糖奶油醬

Salted (fleur de sel) caramel sauce

焦糖醬顏色的深淺與沖入鮮奶油的時間相關，從糖的顏色焦化開始計算，越早沖入鮮奶油顏色越淺。

材料 Ingredients

60g	水
250g	白砂糖
250g	鮮奶油
3g	鹽之花
60g	奶油（切小丁）

做法 Method

A. 將鮮奶油放入一只小鍋中加熱，大約到 80℃，不要煮滾沸，保持溫度。

B. 取一只大鍋，並放入水、砂糖煮到 170℃，焦糖色漸漸開始出現，焦糖香味衝出，鍋子因高溫造成冒煙之後，再分次沖入熱鮮奶油，並煮到 120℃。

C. 加入鹽與奶油攪拌均勻，關火冷卻後即可使用。

草莓焦糖醬（椰香）

Strawberry caramel sauce (coconut flavor)

材料 Ingredients

300g 砂糖
325g 椰奶
100g 新鮮草莓汁
115g 印度奶油（Ghee）

做法 Method

A. 將椰奶放入一只小鍋加熱，保持溫熱。

B. 取一只大鍋，放入砂糖，將砂糖煮到 170℃，焦糖狀，沖入熱椰奶與草莓汁，煮到 110℃。

C. 加入奶油攪拌均勻關火，冷卻後即可使用。

2-11 焦糖醬

葡萄焦糖醬

Grape caramel sauce

材料 Ingredients

200g 砂糖
160g 鮮奶油
130g 葡萄果泥
60g 奶油

做法 Method

A. 將鮮奶油和葡萄果泥一起放入小鍋內加熱。

B. 取一只大鍋放入砂糖，糖煮到呈現焦糖狀，冒煙時，沖入做法（A）。

C. 加入奶油攪拌均勻即可關火。

2-12 焦糖醬
荔枝焦糖醬
Litchi caramel sauce

材料 Ingredients

200g 砂糖
163g 椰奶
130g 荔枝果泥
60g 印度奶油（Ghee）

做法 Method

A. 將椰奶和荔枝果泥一起放入小鍋內加熱。

B. 再另取一只大鍋，放入砂糖，糖煮到呈現焦糖狀，冒煙時，再沖入做法（A）。

C. 加入奶油攪拌均勻即可關火。

2-13 焦糖醬

百香果焦糖醬

Passion fruit caramel sauce

當我第一次做完百香果焦糖醬，很久之後，有一天上網忽然發現，原來在法國某些糖果店有販售百香果口味的焦糖醬，百香果做成焦糖醬風味比任何一樣水果都凸顯，你也可以動手做看看！

材料 Ingredients

100g	百香果汁
125g	砂糖
10g	水
50g	奶油
50g	鮮奶油

做法 Method

A. 將鮮奶油放入一只小鍋中加熱，另外一只大鍋放入水、砂糖，糖煮到170℃，焦糖狀，沖入熱鮮奶油，加入百香果汁，煮到120℃。

B. 加入奶油攪拌均勻關火，冷卻後即可使用。

2-14 焦糖醬

榛果焦糖醬

Hazelnut caramel sauce

焦糖醬做成甜塔內餡，餅乾夾心，或是
三明治、鬆餅搭配都很適合。

材料 Ingredients

150g 砂糖
200g 鮮奶油
100g 榛果
20g 奶油

做法 Method

A. 榛果放入已經預熱 100℃ 的烤箱，
烤約 15 ～ 20 分鐘，或直到有香氣
出現。

B. 若是讓鮮奶油滾沸表面會結皮，所
以，將鮮奶油放入一只小鍋加熱到
約 80℃ 左右，保持溫度備用。

C. 取一只大鍋，放入砂糖之後，煮到
170℃，呈現焦糖色，再沖入熱鮮
奶油，煮到 112℃。

D. 加入奶油和榛果拌均勻關火，冷卻
後使用，或者趁熱裝罐封存。

2-15 焦糖醬

咖啡焦糖醬

Coffee caramel sauce

咖啡焦糖醬也可以淋在咖啡上做成焦糖瑪奇朵。

材料 Ingredients

120g	二砂糖
130g	鮮奶油
33g	煉奶
3g	鹽
15g	奶油
70g	葡萄糖漿（Glucose）
8g	咖啡粉

做法 Method

A. 煉奶與咖啡粉拌勻。

B. 將鮮奶油放在小鍋中，並加熱到 90℃保持溫度。

C. 取一只大鍋，放入二砂糖與葡萄糖漿煮到 150℃，金黃色，沖入熱鮮奶油和做法（A），煮到 108℃。

D. 加入鹽與奶油攪拌均勻關火，冷卻後，即可使用。

椰漿焦糖醬

Coconut cream caramel sauce

材料 Ingredients

- 100g 棕梠糖
- 200g 砂糖
- 375g 椰漿
- 50g 奶油
- 5g 鹽
- 60g 椰子絲

做法 Method

A. 將椰漿放在一只小鍋，並加熱到 80℃，保持溫度，備用。

B. 取一只大鍋，放入棕梠糖與砂糖煮到 150℃，金黃色，沖入椰漿，煮到 117℃，拌入椰子絲，加入鹽與奶油攪拌均勻即可關火，冷卻使用。

Part 3

糖果：
焦糖、太妃糖、
牛奶糖
Candy：caramel、
toffee、milk candy

糖果，是使用砂糖、麥芽糖漿等原料製成，
但只要搭配上不同的原料，
就能製造出口味獨特的糖果！

3 -1 鹽之花奶油焦糖（軟）

Chewy caramel candy

 **材料 Ingredients**

325g	鮮奶油
390g	砂糖
200g	葡萄糖漿
90g	奶油
5g	鹽之花

Tips

取少許的焦糖液放入冷水中，冷卻之後可以揉成軟球狀。

做法 Method

將砂糖倒入（A）鍋中。

倒入葡萄糖漿。（註：最好的方式是直接在鍋中秤量葡萄糖漿，避免過多耗損，造成重量不足夠。）

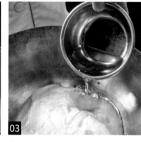

加入適量的水，鍋子放在爐火上。

開始煮糖之前可以先將材料拌均勻，轉開爐火開始煮糖。

將鮮奶油倒入（B）鍋中。

再加入煉奶。

當（A）鍋砂糖煮到約120℃左右，（B）鍋鮮奶油開始加熱，加熱至80℃左右，保持溫度但不需要煮滾。

火爐轉小火，將（B）鍋鮮奶油分次沖入（A）鍋砂糖中，持續煮焦糖。

持續煮焦糖。

接著加入奶油與鹽之花，將奶油溶化並且攪拌均勻。

測量溫度。溫度須到達117℃。

將焦糖倒入模型中，充分冷卻，放在室溫等待凝固成糖果。

裁切糖果不會沾黏刀面，糖柔軟並不黏手。使用糖刀裁切成自己適合的大小。

鹽之花奶油焦糖（硬）

Salted caramel Candy (hard)

材料 Ingredients

240g	鮮奶油
300g	糖
100g	葡萄糖漿
60g	奶油
3g	鹽之花

Tips

測試方法：取少許
的焦糖液放入冷水
中，冷卻之後可以
揉成較硬的球狀。

比較軟糖（左）與
硬糖（右）的柔軟
度。

🍳 做法 Method

將砂糖倒入（A）鍋中。

倒入葡萄糖漿。（註：最好的方式是直接在鍋中秤量麥芽糖，避免過多耗損，造成重量不足夠。）

加入適量的水，鍋子放在爐火上。

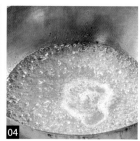

開始煮糖之前可以先將材料拌均勻，再轉開爐火開始煮糖。

將鮮奶油倒入（B）鍋中。

再加入煉奶。

當（A）鍋砂糖煮到約150℃左右，（B）鍋鮮奶油開始加熱，並加熱至80℃左右，保持溫度但不需要煮滾。

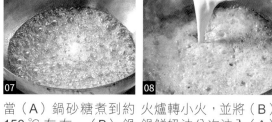

火爐轉小火，並將（B）鍋鮮奶油分次沖入（A）鍋砂糖中後，再持續煮焦糖。

持續煮焦糖。

加入奶油。

加入鹽之花。

將奶油溶化並且攪拌均勻。

可測量溫度，當糖的溫度到達 120℃。

將焦糖倒入模型中，充分冷卻，室溫等待凝固成糖果。

裁切糖果不會沾黏刀面，糖柔軟並不黏手。使用糖刀裁切成自己適合的大小。

3-3 焦糖、太妃糖、牛奶糖

綠茶牛奶糖

Green tea milk candy

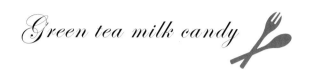

材料 Ingredients

300g 砂糖
82g 麥芽糖漿
15g 綠茶粉
84g 煉奶
55g 奶油
200g 椰漿
150g 椰奶
3g 鹽

做法 Method

A. 將椰漿、椰奶和煉奶放入小鍋中加熱到 80℃，保溫備用。

B. 取一部分溫熱椰奶和綠茶粉混合成綠茶奶。

C. 取一只大鍋，放入砂糖與麥芽糖漿煮到 150℃，金黃色，沖入做
法（A），邊煮糖邊攪拌，直到 115℃，加入鹽與奶油與做法（B）
攪拌，煮到末端溫度全面到達 120℃，關火。

D. 倒入模型中，冷卻後，裁切糖果與包裝。

抹茶杏仁焦糖

Mat cha almond caramel

材料 Ingredients

250g　鮮奶油
125g　麥芽糖漿
250g　砂糖
125g　奶油
60g　杏仁條（烤過）
5g　抹茶粉
5g　鹽之花

做法 Method

A. 將鮮奶油放入小鍋中加熱到約 80℃。

B. 奶油和抹茶粉混合均勻。

C. 砂糖和麥芽糖放入大鍋中加熱，當溫度上升至 112℃，將做法（A）分次沖入，當溫度上升至 115℃拌入奶油及鹽之花，終點溫度為 125℃，拌入杏仁條。

D. 焦糖倒入模型中，放置室溫，接近冷卻時，馬上裁切成適當大小。

咖啡焦糖

Coffee caramel

材料 Ingredients

200g	白砂糖
100g	紅糖
85g	麥芽糖漿
85g	蜂蜜
120g	牛奶
220g	鮮奶油
7g	即溶咖啡粉
52g	有鹽奶油

做法 Method

A. 將小鍋中放入鮮奶油與牛奶加熱到 80℃，保溫備用。

B. 咖啡粉和部分奶油混合均勻，不結粒。

C. 取一只大鍋，放入兩種砂糖與麥芽糖漿煮到 170℃，焦糖色，分次沖入（A）的混合物，並煮到 117℃，加入蜂蜜與奶油與做法（B）攪拌，一邊煮糖一邊攪拌，直到末端溫度全面到達 120℃，關火。

D. 倒入模型中，冷卻後，裁切糖果與包裝。

巧克力堅果焦糖（軟）

Chocolate & Nut caramel (soft)

材料 Ingredients

227g 鮮奶油
300g 砂糖
90g 麥芽糖漿
20g 楓糖漿
120g 水
100g 堅果（杏仁角、杏仁條碎、榛果碎）
少許 鹽

做法 Method

A. 將鮮奶油放入小鍋中加熱到 80℃，保持溫度備用。

B. 堅果類放入已預熱 100℃的烤箱烤到香味出現備用。

C. 取一只銅鍋（或不鏽鋼鍋），放入水、砂糖與麥芽糖漿煮到 170℃，焦糖色，沖入鮮奶油，加入鹽與楓糖漿攪拌，邊煮糖漿邊攪拌，直到末端溫度全面到達 120℃，關火。

D. 拌入堅果，倒入模型中，冷卻後，裁切成等邊正方形或者長條形糖果，使用糖果紙包裝。

印度酥油花生糖

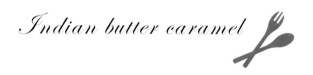

Indian butter caramel

材料 Ingredients

- 70g 印度酥油（Ghee）
- 350g 椰漿
- 5g 鹽
- 350g 砂糖
- 50g 白麥芽糖
- 225g 麥芽糖漿
- 200g 花生

做法 Method

A. 將椰漿加熱到 80℃，保持溫度備用，花生放入烤箱，烤香之後，保持溫度備用。

B. 取一只大鍋，放入砂糖、白麥芽糖與麥芽糖漿煮到 108℃，金黃色，沖入椰漿，加入鹽與酥油攪拌，一邊煮糖一邊攪拌，直到溫度全面到達 120℃，關火，拌入花生。

C. 倒入模型中，冷卻後，裁切糖果成長方形或長條狀，包裝成糖果。

3-8 焦糖、太妃糖、牛奶糖
花生焦糖

Peanut caramel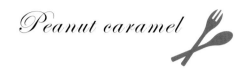

材料 Ingredients

165g 鮮奶油
185g 砂糖
112g 麥芽糖漿
35g 奶油
5g 鹽
150g 去皮原味花生

做法 Method

A. 將鮮奶油放在小鍋中加熱到 80℃，保溫備用。

B. 花生放入烤箱烤香後，保持脆度。

C. 取一只大銅鍋，放入砂糖與麥芽糖漿煮到 170℃，焦糖色，分次慢慢的沖入鮮奶油，邊煮糖邊攪拌，最後加入奶油與鹽，煮到直到末端溫度全面到達 125℃，關火，馬上加入花生拌勻。

D. 馬上倒入模型中，冷卻前，裁切成不規則形狀，一口大小的糖果。

— Tips —

硬質的花生糖，適合先含在口中讓焦糖的香氣慢慢在口中蔓延開來。

老派花生糖

Traditional peanut caramel

材料 Ingredients

500g 生花生
150g 砂糖
300g 麥芽糖
5g 水
10g 沙拉油

做法 Method

A. 除了花生之外，所有材料放入大鍋中，大火炒成金黃糖色。

B. 轉小火放入花生慢慢炒，直到花生炒熟。

C. 炒熟花生糖趁熱放入糖模型中。

D. 以桿麵棍擀平，趁熱切成適當大小。

3-10 焦糖、太妃糖、牛奶糖

夏威夷果太妃糖

Macadami toffee

材料 Ingredients

〔a〕

400g	白砂糖
200g	紅糖
165g	麥芽糖漿
165g	蜂蜜

〔b〕

240g	牛奶
454g	鮮奶油
200g	夏威夷果（烤過）
114g	奶油
3g	鹽

做法 Method

A. 材料（a）放入銅鍋中，加熱煮到 108℃，同時將材料（b）放入一只小鍋中加熱到 80℃。

B. 當材料（a）煮到焦糖色，將材料（b），分次慢慢的沖入材料（a）。

C. 一邊煮一邊攪拌，最後加入奶油與鹽，煮到糖漿溫度全面到達 121℃，關火。

D. 糖漿倒入模型中，夏威夷果均勻鋪滿表面，冷卻之前，裁切糖果成三角形。

3-11 焦糖、太妃糖、牛奶糖
帕林內焦糖

Praline Caramel

材料 Ingredients

50g 帕林內醬（Praline）
250g 砂糖
100g 麥芽糖漿
200g 鮮奶油
30g 奶油

做法 Method

A. 糖與麥芽糖漿放入一只大鍋中，移到火爐上加熱煮到 150℃，

B. 將鮮奶油放入小鍋中加熱到 80℃。

C. 之後，將鮮奶油，分次慢慢的沖入糖漿內。

D. 保持小火邊煮邊攪拌，當糖液開始呈現出雲朵狀，溫度約達 115℃，漸漸濃稠後，加入帕林內醬、奶油與鹽，煮到糖液溫度全面到達 121℃，關火。

E. 倒入模型中，冷卻後，裁切糖果。

— Tips —

帕林內（Praline）：榛果杏仁醬，可於烘培進口商與材料行購買或網購。

蜜腰果椰奶糖

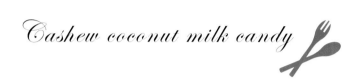

Cashew coconut milk candy

材料 Ingredients

350g	椰漿
350g	砂糖
50g	白麥芽糖
225g	麥芽糖漿
70g	印度酥油（Ghee）
8g	鹽
200g	蜜腰果

做法 Method

A. 將椰漿放入（a）鍋加熱到 80℃，保持溫度備用。

B. 取（b）鍋，放入砂糖、白麥芽糖與麥芽糖漿煮到108℃～110℃，沖入（a）鍋，最後加入鹽與酥油攪拌，一邊煮一邊輕拌，直到溫度全面到達 120℃，關火，馬上將蜜腰果均勻拌入。

C. 倒入模型中，冷卻後，裁切糖果成為長條狀或方形，並使用糖果紙包裝。

3-13 焦糖、太妃糖、牛奶糖

核桃可可軟糖

Walnut & Chocolate caramel

材料 Ingredients

300g	白砂糖
85g	麥芽糖漿
85g	蜂蜜
120g	牛奶
220g	鮮奶油
20g	可可粉
60g	奶油
2g	鹽
80g	碎核桃

做法 Method

A. 將鮮奶油與牛奶加熱到 80℃ 左右備用，核桃放入已預熱 100℃ 的烤箱，烤到香味釋出。

B. 取奶油和可可粉混合。

C. 取一只大鍋，放入砂糖與麥芽糖漿煮到金黃色，沖入做法（A）加入做法（B）、蜂蜜、鹽攪拌，邊煮糖邊攪拌，直到末端溫度全面到達 120℃，關火馬上拌入核桃。

D. 倒入模型中，冷卻後，裁切糖果與包裝。

南瓜子核桃糖

Pumpkin seeds & Walnut caramel

材料 Ingredients

- 200g 砂糖
- 150g 麥芽糖漿
- 20g 煉奶
- 220g 鮮奶油
- 10g 蜂蜜
- 40g 奶油
- 5g 鹽之花
- 40g 核桃（烤過）
- 20g 南瓜子

做法 Method

A. 將煉奶與鮮奶油放入（a）鍋加熱到 80℃。

B. 砂糖與玉米糖漿一起放入（b）鍋，加熱煮到 108℃。

C. 將（a）鍋，分次慢慢的沖入（b）鍋。

D. 以小火輕輕攪拌，最後加入蜂蜜、奶油與鹽，煮到糖漿溫度全面到達 121℃，關火。

E. 糖漿倒入模型後灑上核桃與南瓜子均勻鋪陳，接近冷卻時，裁切成小三角形。

柿子芝麻花生糖（軟）

Persimmon & peanut & Sesame caramel (soft)

　　柿子乾，這是天然的果乾，帶糖霜的白白柿子吃起來的風味香醇更具彈性，芝麻也是中式做糖果的好材料，混合好的食材能造就另一種更好吃的甜點。

材料 Ingredients

200g	鮮奶油
340g	砂糖
50g	糖漿
35g	奶油
2g	鹽
50g	柿餅
100g	花生
2大匙	白芝麻

做法 Method

A. 將鮮奶油放入小鍋中加熱到 80℃，保持熱度。

B. 柿餅切小塊，花生放入烤箱中以 100℃低溫，慢慢把花生烤香，白芝麻放入鍋中，乾炒炒香。

C. 取一只大鍋，放入砂糖、糖漿煮到 170℃，焦糖色，沖入鮮奶油，煮到大約 115℃，加入鹽與奶油，直到末端溫度全面到達 120℃，關火。

D. 加入柿餅、白芝麻與花生拌勻，馬上倒入模型中，冷卻後，裁切糖果並包裝。

芝麻薑黃糖

Turmeric & Sesame caramel

黃色的薑黃與黑色芝麻讓糖果具養身概念。

材料 Ingredients

〔芝麻糖〕

60g	芝麻醬（無糖）
220g	鮮奶油
150g	麥芽糖漿
30g	煉奶
350g	砂糖
5g	鹽
114g	奶油

〔薑黃糖〕

5g	薑黃粉
一滴	黃色素
220g	鮮奶油
150g	麥芽糖漿
30g	煉奶
350g	砂糖
5g	鹽
114g	奶油

做法 Method

〔芝麻糖〕

A. 將鮮奶油、煉奶放入小鍋，移到火爐上，加熱到 80℃，

B. 奶油與芝麻混合備用。

C. 取一只大鍋，放入砂糖與麥芽糖漿煮到 150℃，金黃色，分次慢慢的沖入做法（A），邊煮邊攪拌，直到 115℃ 時，加入做法（B）與鹽，煮到直到末端溫度全面到達 120℃，關火。

D. 倒入模型中，接著做另一種口味。

〔薑黃糖〕

A. 將鮮奶油、煉奶放入小鍋，移到火爐上，加熱到 80℃，

B. 奶油、薑黃粉與黃色素混合備用。

C. 取一只大鍋，放入砂糖與麥芽糖漿煮到 150℃，金黃色，分次慢慢的沖入做法（A），邊煮邊攪拌，直到 115℃ 時，加入做法（B）與鹽，煮到直到末端溫度全面到達 120℃，關火。

D. 倒入模型中，兩層糖果冷卻後，馬上裁切糖果與包裝。

3-17 焦糖、太妃糖、牛奶糖
草莓焦糖

Strawberry caramel

材料 Ingredients

- 100ml 草莓汁
- 400g 鮮奶油
- 450g 砂糖
- 250g 麥芽糖漿
- 5g 鹽
- 114g 奶油

做法 Method

A. 將鮮奶油放入鍋中，加熱到 80℃，保持溫度。

B. 草莓汁放進容器中，並放到微波爐加熱，大約 80℃左右。

C. 取一只大鍋，放入砂糖與麥芽糖漿煮到 170℃，金黃色，分次慢慢的沖入做法（A）和草莓汁。

D. 一邊煮一邊攪拌，最後加入奶油與鹽，末端溫度全面到達 123℃，關火。

E. 趁熱倒入模型中，冷卻後，裁切糖果與包裝。

3-18 焦糖、太妃糖、牛奶糖
蘋果焦糖

Apple caramel

材料 Ingredients

200g	鮮奶油
120g	砂糖
200g	麥芽糖漿
65g	煉奶
70g	青蘋果果泥
20g	奶油
5g	鹽

做法 Method

A. 將鮮奶油與煉奶加熱到 80℃。

B. 青蘋果果泥加熱，保持溫度備用。

C. 取一只大鍋，放入砂糖與麥芽糖漿，加溫到金黃色，分次慢慢加入做法（A）。

D. 當溫度到達 115℃加入青蘋果果泥、奶油與鹽，直到末端溫度全面到達 120℃，關火。

E. 焦糖漿倒入已經鋪上烤盤紙的模型中，冷卻後，糖果裁切成自己喜愛的大小。

香草柳橙太妃糖

Vanilla & orange toffee

這款太妃糖，除了焦糖甜味還有香料與果香，
如果將柳橙皮碎換成檸檬皮碎味道也會很迷人！

材料 Ingredients

5g	香草籽粉
30g	糖漬柳橙皮碎
400g	椰奶
295g	奶水
165g	麥芽糖漿
165g	煉奶
700	砂糖
5g	鹽
80g	奶油
一鍋	冰塊水

做法 Method

A. 將椰奶、奶水和煉奶，放入一只小鍋中加熱到 80℃，保溫備用。

B. 取少許奶油與香草籽粉拌開。

C. 砂糖、麥芽糖漿放入銅鍋中，加熱煮到 170℃，將（A）分次慢慢的沖入銅鍋內的糖漿。

D. 邊煮邊攪拌，大約 115℃，加入做法（B）、奶油與鹽，煮到糖漿溫度全面到達 125℃，拌入柳橙皮碎，關火，馬上把鍋子底部浸入冰塊水約 5 秒，降溫，馬上取出鍋子擦乾底部。

E. 即刻將糖液倒入矽膠巧克力模型中，冷卻後，糖果可以輕易取出。

F. 若沒有使用巧克力模型，使用一般模型，必須在糖果冷卻之前，裁切成你要的大小。

羅望子焦糖

Tamarind caramel

材料 Ingredients

200g	椰奶	5g	鹽
150g	羅望子汁	1小匙	香草籽粉
165g	麥芽糖漿	40g	奶油
350g	砂糖	一鍋	冰塊水

做法 Method

A. 新鮮羅望子（50g）和水（200g）一起放在鍋子內，移到火爐上加熱煮滾，之後，過濾出羅望子汁，保溫備用。

B. 將椰奶放入一只小鍋中加熱到80℃，保溫備用。

C. 奶油與香草籽粉均勻拌開。

D. 砂糖、麥芽糖漿放入銅鍋中，加熱煮到170℃，將（B）分次慢慢的沖入銅鍋內的糖漿。

E. 之後，加入羅望子汁，一邊煮邊攪拌，大約115℃，加入做法（C）與鹽，煮到糖漿溫度全面到達125℃，關火，馬上把鍋子底部浸入冰塊水約5秒，降溫，馬上取出鍋子擦乾底部。

F. 即刻將糖液倒入矽膠巧克力模型中，冷卻後，糖果可以輕易取出。

G. 若使用一般烤盤式的模型，必須在糖果冷卻之前，裁切成你要的大小。

--- Tips

　　羅望子（Tamarind），又稱酸豆。一種是酸的，常用於料理，是未成熟果實的果肉，所以又酸又澀；另一種是甜的，可以直接當零食。

3-21 焦糖、太妃糖、牛奶糖

辣味焦糖瑞士捲

Swiss roll spicy caramel

材料 Ingredients

280g	鮮奶油
5～6g	紅辣椒粉（Kashmiri chili powder）
120g	砂糖
80g	煉奶
180g	麥芽糖漿
20g	蜂蜜
50g	奶油
2g	鹽
一個	格子狀矽膠烤膜
5～8 條	原味海綿蛋糕條

做法 Method

A. 糖與麥芽糖漿放入銅鍋中，加熱煮到 108℃；將鮮奶油和煉奶放入小鍋中加熱到 80℃。

B. 將小鍋的鮮奶油，分次慢慢的沖入銅鍋糖漿內。

C. 邊煮邊攪拌，最後加入辣椒粉、蜂蜜、奶油與鹽，煮到糖漿溫度全面到達 118℃，關火。

D. 糖漿液倒入格子模型當中，冷卻，脫模，鋪上蛋糕條，捲成瑞士捲的形狀。

3-22 焦糖、太妃糖、牛奶糖

杏桃焦糖（軟）

Apricot caramel (soft)

材料 Ingredients

- 170g　杏桃果泥
- 300g　砂糖
- 85g　麥芽糖漿
- 20g　奶油
- 270g　鮮奶油
- 5g　鹽
- 一鍋　冰塊水

做法 Method

A. 將鮮奶油放入（a）鍋中加熱到 80℃，杏桃果泥放入微波爐加熱。

B. 砂糖和麥芽糖漿放入（b）鍋中，加熱煮到 108℃，將（a）鍋分次慢慢的沖入做法（B）。

C. 繼續煮糖直到 115℃，加入杏桃果泥、鹽與奶油，直到焦糖溫度全面到達 121℃，關火。

D. 馬上把糖鍋放在冰塊鍋上面約 5 秒，讓糖液停止溫度上升。

E. 糖液馬上倒入格子模型中，冷卻後，裁切成田字型或者長條狀。

鳳梨牛奶糖（軟）

Pineapple milk candy (soft)

材料 Ingredients

80g	鳳梨果泥
175g	砂糖
210g	麥芽糖漿
20g	奶油
270g	鮮奶油
5g	鹽
一鍋	冰塊水

做法 Method

A. 將鮮奶油放入（a）鍋中加熱到80℃，另外鳳梨果泥另外放入微波爐加熱。

B. 砂糖和麥芽糖漿放入（b）鍋中，加熱煮到108℃，將（a）鍋分次慢慢的沖入（b）鍋糖漿內。

C. 繼續煮糖漿直到115℃，加入鳳梨果泥、鹽與奶油，直到焦糖全面到達121℃，關火。

D. 馬上把糖鍋放在冰塊鍋上，約5秒，讓糖漿停止溫度上升。

E. 糖漿立刻倒入模型中，冷卻後，裁切成長條狀，使用糯米紙與糖果紙包裝。

3-24 焦糖、太妃糖、牛奶糖

鹹焦糖

Salted caramel

材料 Ingredients

400g 白砂糖
100g 紅糖
200g 麥芽糖漿
120g 煉奶
330g 鮮奶油
60g 奶油
6g 鹽

做法 Method

A. 取一只大鍋，放入砂糖、紅糖與麥芽糖漿，煮到 150℃，持續加熱，直到呈現焦糖色。

B. 將鮮奶油和煉奶放入小鍋中，加熱到 80℃，並馬上分次沖入糖漿鍋中。

C. 一邊煮一邊攪拌，最後加入奶油與鹽，末端溫度全面到達 123℃，關火。

D. 趁熱倒入模型中，冷卻後，裁切糖果成方形。

3-25 焦糖、太妃糖、牛奶糖

櫻花蝦軟糖（鹹）

Shrimp caramel (salted)

材料 Ingredients

300g	白砂糖
170g	鮮奶油
85g	麥芽糖漿
85g	煉奶
70g	櫻花蝦
少許	沙拉油
1 小匙	鹽
60g	奶油

做法 Method

A. 將鮮奶油、煉奶放入小鍋中加熱到約 80℃。

B. 櫻花蝦放進鍋中加入少許沙拉油，以小火炒香備用。

C. 將砂糖和麥芽糖漿放入大鍋中加熱，當溫度上升至 112℃，將做法（A）分次沖入；當溫度上升至 115℃拌入奶油和鹽，終點溫度為 120℃，拌入櫻花蝦。

D. 糖漿倒入模型中，放置室溫，冷卻時馬上裁切成適當大小。

3-26 焦糖、太妃糖、牛奶糖

椰奶焦糖（深與淺）

Coconut caramel (deep & light)

材料 Ingredients

〔淺色焦糖做法〕

200g	椰漿
50g	鮮奶油
250g	砂糖
50g	麥芽糖
10g	麥芽糖漿
100g	奶油
3g	鹽

〔深色焦糖做法〕

200g	椰漿
50g	鮮奶油
250g	砂糖
50g	麥芽糖
10g	麥芽糖漿
100g	奶油
3g	鹽

做法 Method

〔淺色焦糖做法〕

A. 將砂糖與麥芽糖、麥芽糖漿放入銅鍋中，加熱煮到 108℃，將鮮奶油和椰漿放入鍋中加熱到 80℃。

B. 將鮮奶油，分次並慢慢的沖入糖漿內。

C. 邊煮邊攪拌，最後加入奶油與鹽，煮到糖漿溫度全面到達 121℃，關火。

D. 倒入模型中。

E. 繼續做深色焦糖。

〔深色焦糖做法〕

A. 砂糖與麥芽糖、麥芽糖漿放入銅鍋中，加熱煮到 170℃，將鮮奶油和椰漿放入鍋中加熱到 80℃。

B. 將鮮奶油，分次並慢慢的沖入糖漿內。

C. 邊煮邊攪拌，最後加入奶油與鹽，煮到糖漿溫度全面到達 121℃，關火。

D. 糖漿倒入淺色焦糖上面。冷卻後，切成適合的大小。

Part 4

焦糖
與甜點
Caramel & sweet

甜點，總是讓人愛不釋手，
它的甜蜜多變，總讓你的味蕾得到滿足，
甜美的滋味，總讓人產生戀愛的甜蜜感覺！

焦糖馬卡龍

Salted caramel macaron

很多人覺得馬卡龍超甜，如果夾入足夠且風味佳的內餡，就能夠平衡甜度，吃起來就不會只有甜味了喔！

材料 Ingredients

〔馬卡龍〕

125g　杏仁粉
125g　純糖粉
40g　蛋白
少許　黃色素
　　　（滴入杏仁粉糰當中）

〔義大利蛋白霜〕

117g　砂糖
30ml　水
50g　蛋白

〔焦糖內餡〕

1 片　吉利丁
6g　水
105g　鮮奶油
40g　砂糖
60g　白巧克力
2g　鹽
6g　杏仁粉

做法 Method

〔馬卡龍〕

A. 杏仁粉和糖粉過篩，放在大缽中與蛋白（40g）混合成糰，加入色素。

B. 蛋白放入電動攪拌缸中打發。

C. 另一只鍋子放入糖和水煮到 117℃，沖入已經打發的蛋白霜內，持續打發到蛋白霜，溫度約至 50℃。

D. 取部分蛋白霜與杏仁粉糰混合，一邊加入一邊拌壓，直到麵糊有點呈現軟質麵糊狀。

E. 將麵糊放入擠花袋使用 10 號圓形花嘴，擠成圓型小餅，麵糊表面無顆粒狀。

F. 烤箱預熱 160℃，使用雙層烤盤，烤約 12 分鐘即可出爐，或者 150℃先烤 15 鐘，再烤盤轉頭，繼續烤到熟。

G. 烤箱的溫度與時間也會影響馬卡龍的成敗，每一台烤箱的溫度和時間狀況都不同，需要自己試驗。

〔焦糖內餡〕

A. 製作焦糖，將鮮奶油放入小鍋加熱，另一只鍋子放入砂糖煮到焦糖狀。

B. 將鮮奶油沖入，加入奶油與鹽，焦糖醬達到 108℃即完成。

C. 吉利丁泡水，冷藏。白巧克力放入大缽中。

D. 將焦糖醬沖入大缽中，混合，加入杏仁粉，當降溫到 50℃，混入吉利丁，冷卻備用。

E. 取兩片小圓餅，將內餡擠上，再壓上另一片小圓餅，即完成馬卡龍。

--- Tips ---

馬卡龍材料欄中寫著 TPT ？

TPT 是指杏仁粉 1：1 糖粉的混合物。
舉例：120g 杏仁粉 + 120g 糖粉 = 240g（TPT）

4-2 焦糖與甜點

焦糖腰果蛋糕

Caramel cashew cake

🧂 材料 Ingredients

〔腰果蛋糕〕

100g	奶油
50g	黑巧克力 70%（融化）
70g	糖粉
200g	蛋黃
30g	低筋麵粉
10g	可可粉
170g	腰果（烤過）
160g	蛋白
60g	砂糖

〔焦糖甘那許 Ganache Caramel〕

50g	牛奶
150g	鮮奶油
100g	焦糖醬（請參考 P.41）
2g	鹽
175g	黑巧克力 64%
175g	牛奶巧克力
100g	奶油（軟）

〔裝飾〕

黃醋栗、覆盆子、開心果、杏仁糖與白巧克力片。

👨‍🍳 做法 Method

〔腰果蛋糕〕

A. 糖粉、可可粉和麵粉分別過篩，巧克力隔水加熱融化備用。

B. 奶油室溫軟化與糖粉攪拌，蛋黃倒入攪拌，攪拌直到發白，加入巧克力與可可粉，均勻混合。

C. 蛋白與砂糖混合打發。取部分蛋白與做法（B）蛋黃鍋混合，再拌入麵粉，最後拌入剩餘蛋白。

D. 兩者混合之後麵糊倒入 21×30×1.5 長方形模型，烤箱預熱 180℃，蛋糕灑上腰果，至少烤 20 ～ 25 分鐘，烤熟之後出爐。

〔焦糖甘那許 Ganache Caramel〕

A. 將牛奶、鮮奶油和鹽一起放入鍋中加熱，焦糖醬、巧克力與奶油放入大碗中，將熱牛奶混和物倒入大碗中，使用手持電動攪拌器機，混合均質。

B. 使用橢圓形慕絲圈，蓋出數片蛋糕體，將第一片腰果蛋糕拿出，將甘那許倒入，當甘那許溫度約 30℃時，放上第二片胡桃蛋糕與第二層甘那許一起放入冰箱冷藏。

C. 裝飾前，脫模。裝飾時使用黃醋栗、覆盆子、開心果、杏仁糖以及白巧克力片。

焦糖鳳梨蛋糕

Caramel pineapple tart tatin

材料 Ingredients

〔蛋糕〕

125g	奶油
200g	砂糖
240g	低筋麵粉
5g	泡打粉
5g	香草糖
2 個	雞蛋
100g	鳳梨汁
少許	鏡面果膠

〔焦糖鳳梨〕

1 罐	鳳梨罐頭
200g	水
100g	砂糖

做法 Method

A. 鍋子內放入砂糖與水，移到火爐上，糖煮溶化，放入鳳梨，一起燉煮，直到糖漿濃稠，取出鳳梨，八吋圓型模，底部內上烤盤紙，塗上奶油，順時鐘方向擺放鳳梨圓片備用。

B. 麵粉與泡打粉過篩。

C. 奶油放置室溫和砂糖一起放入攪拌缸，將糖、奶油攪拌到顏色轉白。

D. 加入香草糖，雞蛋混合，加入泡打粉與 1/2 麵粉，混合再加入鳳梨汁與剩餘 1/2 麵粉。

E. 麵糊拌勻無結粒，將麵糊舀入做法（A）模型，約七分滿。

F. 放進已預熱 180℃烤箱，約 30 ～ 50 分鐘左右，直到麵糊中心點拿小刀插入，無沾黏麵糊即可出爐。

G. 冷卻之後，倒扣脫膜，表面再刷上鏡面果膠。

焦糖瑪德蓮

Caramel madeleine

材料 Ingredients

〔焦糖醬〕

- 90g 鮮奶油
- 90g 砂糖
- 40g 奶油
- 2g 鹽

〔瑪德蓮麵糊〕

- 80g 砂糖
- 100g 奶油
- 100g 蛋
- 5g 泡打粉
- 100g 低筋麵粉
- 20g 焦糖醬
- 適量 奶油與麵粉
  （貝殼模型用）
- 適量 糖粉（裝飾用）

做法 Method

〔焦糖醬〕

A. 將鮮奶油加熱，取一只鍋放入水、砂糖、鹽煮到 170℃，焦糖色，沖入熱鮮奶油，加入奶油溶化，關火。即可完成。

〔瑪德蓮麵糊〕

A. 將貝殼模型內均勻塗上一層奶油，再灑上足夠麵粉，並且抖落多餘的麵粉，備用。

B. 麵粉與泡打粉過篩，奶油融化。取一只大鋼盆，放入砂糖與焦糖醬，再加入蛋、麵粉類與奶油，拌勻。

C. 擠花袋先放入圓形擠花嘴，再放入麵糊，擠入貝殼模型約八分滿。

D. 烤箱預熱 190℃，將麵糊擠入模型之內，送入烤箱之後烤約 15～20 分鐘，中心點脹開，取一只小刀插入麵糊中心點，沒有沾黏麵糊即可出爐。

E. 冷卻之後灑上糖粉即完成。

焦糖費南雪

Caramel financier

抹茶與焦糖兩種口味搭配上焦糖醬
品嚐費南雪的三種滋味。

材料 Ingredients

150g	奶油
150g	蛋白
15g	泡打粉
150g	糖粉
80g	低筋麵粉
70g	杏仁粉
5g	抹茶粉
20g	焦糖醬（請參考 P.42）

〔焦糖醬〕

60g	水
250g	白砂糖
250g	鮮奶油
3g	鹽之花
60g	奶油（切小丁）

做法 Method

A. 焦糖口味：麵粉與泡打粉過篩後，奶油融化之後，冷卻使用。

B. 取一只大碗，把所有材料放入（不包括抹茶粉），混合均勻。

C. 抹茶口味：麵粉與泡打粉過篩後，奶油融化之後，冷卻使用，糖粉和抹茶粉混合均勻。

D. 取一只大碗，把所有材料放入（不包括焦糖醬），混合均勻。

E. 烤箱預熱 180 度，將麵糊擠入模型之內，送入烤箱之後，烤約 15 ～ 20 分鐘，或直到烤熟，取一只小刀叉內麵糊中心點，沒有沾黏麵糊即可出爐。

F. 冷卻之後享用時，塗抹上焦糖醬，即完成。

〔焦糖醬〕

A. 將鮮奶油加熱，取一只鍋中，放入水、砂糖、糖煮到 170℃，焦糖狀，沖入熱鮮奶油，加入鹽與奶油攪拌均勻即可關火，焦糖醬便完成了。

4-6 焦糖與甜點

枕頭蛋糕

Caramel mouskoutchou

Mouskoutchou 這是阿爾及利亞蛋糕非常清爽的國民蛋糕，傳統外型看起與海綿蛋糕、磅蛋糕沒兩樣，也是吃不膩的甜點，做成小小的長方形枕頭狀，加上堅果焦糖醬，外帶野餐也十分方便。

材料 Ingredients

5 個　蛋白
5 個　蛋黃
125g　糖粉
10g　香草糖
20g　焦糖醬（請參考 P.41）
125g　奶油
250g　低筋麵粉
10g　泡打粉
115g　牛奶

〔焦糖醬〕
　榛果焦糖醬（請參考 P.47）

做法 Method

A. 低筋麵粉和泡打粉過篩，蛋白放入電動攪拌缸中打成溼性發泡，加入香草糖繼續打到乾性發泡。

B. 奶油放在室溫軟化，和糖粉混合，加入蛋黃混合均勻，加入粉類、牛奶與焦糖醬拌成均勻的麵糊。

C. 取少許蛋白先拌入麵糊，再分次將蛋白拌入麵糊。

D. 使用擠花袋，將麵糊擠入方型的蛋糕模型中。

E. 放入已經預熱達 180℃ 的烤箱中，烤約 20 ～ 25 分鐘，直到蛋糕表面金黃，以竹籤插入中間測試，無沾黏麵糊即可出爐。

F. 享用時佐榛果焦糖醬。

焦糖泡芙

Caramel puffs

材料 Ingredients

〔焦糖卡士達醬〕

420g	牛奶	85g	砂糖
45g	鮮奶油	3 片	吉利丁
25g	玉米粉	140g	奶油
25g	低筋麵粉	30g	可可脂
85g	蛋黃	35g	焦糖醬

（請參考 P.42）

〔泡芙〕

125g	水
125g	牛奶
109g	奶油
5g	鹽
4g	砂糖
145g	低筋麵粉
250g	雞蛋

〔焦糖奶酥餅乾〕

190g	砂糖
150g	麵粉
190g	奶油

做法 Method

〔焦糖卡士達醬〕

A. 吉利丁浸入冷水，泡軟後，擠乾水份備用，奶油與可可脂融化備用。玉米粉和麵粉過篩備用。

B. 取一只大缽，將砂糖與蛋黃攪拌均勻，再加入玉米粉和麵粉，拌勻。

C. 準備一只小鍋倒入牛奶與鮮奶油煮滾之後，將鍋內物，倒 1/3 至蛋黃缽中，混合之後再全部回倒入牛奶鍋，在火爐上一邊煮一邊攪拌，最後，拌入奶油與可可脂。

D. 煮成濃稠狀的卡士達醬，拌入吉利丁與焦糖醬，冷卻之後，放入冰箱冷藏。

〔泡芙〕

A. 烤箱預熱 170℃，將奶油、牛奶、水、糖和鹽放入鍋中，煮滾之後，關火。

B. 將麵粉倒入鍋中，攪拌成熱麵糰。

C. 放入電動攪拌機，以扇形攪拌器，攪拌，溫度達到約 70℃左右。

D. 攪拌時加入雞蛋，一次加入一顆，每一次當麵糊完整吸收雞蛋時，才能加入第二顆，直到麵糊有流性，舉起塑膠刮刀沾滿麵糊時，當麵糊朝下，成為倒三角形，即完成麵糊。而雞蛋可能會用完，也可能需要增加。

E. 將麵糊擠成圓型泡芙，表面鋪上焦糖奶酥餅乾，放入烤箱，烤約 15 ～ 25 分鐘，烤熟之後即可出爐。

F. 泡芙切開擠入卡士達醬，即可享用。

〔焦糖奶酥餅乾〕

A. 將砂糖放入小鍋中，煮成焦糖，冷卻後將麵粉和奶油加入，混合成糰。

B. 擀壓平，使用小圓模，蓋出小餅皮，鋪放泡芙表面，一起烘烤。

4-8 焦糖與甜點

焦糖起司塔

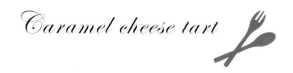

Caramel cheese tart

　　錫夫諾斯，位於愛琴海南部，是一個美麗的島國，聞名的陶瓷工作坊：陶瓷碗、盤、花瓶和烘烤的烹飪鍋。

　　那邊最有名的是甜起司塔。Sifnos 甜起司塔，主要是起司和糖的混合做成內餡，把砂糖做成焦糖，更有層次，在傳統中尋找新的風味。

材料 Ingredients

〔塔皮〕

225g	中筋麵粉
1/4 小匙	鹽
30g	奶油
120g	溫水
	派模內部塗上奶油

〔內餡〕

112g	茅屋起司（Cottage Cheese）
112g	瑞可塔起司（Ricotta Cheese）
200g	砂糖
20g	水
1 個	蛋
60g	低筋麵粉
1/4 小匙	香草精

〔裝飾〕

適量	鮮奶油（打發）
適量	粉紅色糖珠

做法 Method

〔塔皮〕

A. 奶油切小塊冷藏與中筋麵粉過篩之後混合成砂狀。

B. 溫水和鹽混合，做成麵糰，擀成薄度 0.5 厚度的派皮，將派皮折入模型內，冷藏 1～2 時備用。

〔內餡〕

A. 鍋中放入砂糖與水，放在火爐上煮至焦糖狀，備用。

B. 麵粉過篩之後，放入一只大缽，加入蛋和焦糖混合，最後拌入香草精和起司，拌勻之後就完成內餡。

C. 取出冷藏派模，內餡放入約八分滿，再放入已預熱 180℃的烤箱，烤約 20 分，塔皮與內餡均烤熟後即可出爐。

D. 冷卻後，裝飾，擠上鮮奶油與糖漿便完成。

4-9 焦糖與甜點
希臘卡士達派

Caramel greek filo pie

這是希臘式的派稱做 Galaktoboureko，原版製作這個甜點會使用 galaktos。galaktos 是羊和牛兩種牛奶做成的奶油，一般都會使用無鹽奶油。

材料 Ingredients

2～3 片　Filo 皮
230g　無鹽奶油

〔卡士達內餡〕

170g　小粗麥粉（Semolina）
250g　砂糖
500g　牛奶（溫）
4 個　雞蛋
500g　鮮奶油
1 小匙　鹽
2 小匙　香草精
50g　奶油

〔焦糖糖漿〕

225g　水
400g　砂糖
2 大匙　蜂蜜
1/2 顆　柳橙皮

做法 Method

〔卡士達內餡〕

A. 溫牛奶和小粗麥粉，事先混合要避開結粒。

B. 鮮奶油與牛奶加熱，再加入小麥粗粉煮滾，靜置。

C. 砂糖與蛋混合均勻，加入香草精、鹽，再倒入鮮奶油鍋混合。移到火爐上，煮到濃稠狀，即完成。

D. 圓形派模型準備好，奶油溶化。Filo 皮，全部攤開，覆蓋毛巾或紙巾以防乾裂。

E. 持奶油刷，模型首先塗上奶油，再刷 Filo 皮，將 Filo 皮鋪上模型，總共兩層，倒入做法（C）卡士達醬，再取 2 片 Filo 皮擦滿奶油，覆蓋上派盤，總共兩層。

F. 四周沿著派盤開始整形，裁下的 Filo 皮整形成小花，做成裝飾。

G. 放入已預熱 160℃烤箱，卡士達烤熟，表面金黃，出爐，趁熱淋上焦糖糖漿。

〔焦糖糖漿〕

A. 將砂糖煮成金黃色，倒入水、柳橙皮和蜂蜜，一起小火煮滾約 5 分鐘即可。

焦糖堅果塔

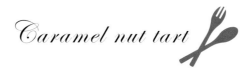

Caramel nut tart

材料 Ingredients

〔焦糖醬〕

- 50g 砂糖
- 50g 奶油
- 30g 鮮奶油

〔綜合堅果〕

- 20g 杏桃乾
- 20g 杏仁條
- 10g 核桃
- 10g 松子
- 5g 南瓜子
- 10g 葡萄乾
- 35g 焦糖醬

〔塔皮〕

- 200g 奶油（冷）
- 131g 糖粉
- 50g 杏仁粉
- 3g 鹽
- 330g 低筋麵粉
- 65g 雞蛋

做法 Method

〔焦糖醬〕

A. 鮮奶油放入微波爐加熱，不要滾沸，約80℃。

B. 大鍋中，放入砂糖煮到焦香味出現，沖入鮮奶油，加入奶油煮成焦糖醬汁，關火。

C. 冷卻後，取焦糖醬（35g）與堅果類混合，做成內餡。

〔綜合堅果〕

A. 將堅果放入烤箱烤至香味出現，水果乾切成小丁，兩者與焦糖醬混合，讓堅果與水果乾能夠黏住即可。

〔塔皮〕

A. 麵粉、糖粉和杏仁粉分別過篩，奶油切成小丁後和麵粉混合成砂狀，加上雞蛋、糖粉、杏仁粉、鹽，混合成麵糰，鬆弛約30分鐘。

B. 將麵粉擀成麵皮，放入塔模內，表面壓放派重石，放入已預熱烤箱180℃。

C. 塔皮烤約30分鐘，或繼續烤到金黃色將塔皮烤熟，即可出爐。

D. 冷卻後，放入已拌勻的堅果，即完成堅果塔。

焦糖方塔

Caramel tart

我對焦糖奶油塔的好印象是在加拿大多倫多，市區有一個傳統市場（Kensington Market），市場內有一間麵包店，總是把焦糖奶油塔堆得像結婚蛋糕一樣高。

怎麼看焦糖塔，都覺得吃起來一定很甜，在天寒地凍的天氣吃最好，而我總是在假日或者和朋友聚會時才會破戒買來吃。那間店的老闆娘是新加坡華人，她身材瘦小，總是在我結帳的時候，用怪腔怪調的中文跟我說：有沒有同學力氣大的，可以來打工搬麵粉，我也用大陸腔的捲舌中文回她說：「好，我問問看！」天曉得在多年之後我竟然開始學習甜點，下次去見老闆娘應該可以回她說：「我現在可以幫你搬麵粉了。」

材料 Ingredients

〔塔皮〕

140g	奶油
90g	糖粉
30g	杏仁粉
1/4 小匙	鹽
1/2 小匙	香草粉
1 個	雞蛋
210g	低筋麵粉

〔焦糖餡〕

50g	牛奶
10g	奶油
100g	紅糖
3 個	雞蛋
100g	焦糖醬
	（請參考 P.38）

做法 Method

〔塔皮〕

A. 低筋麵粉、糖粉和杏仁粉分別過篩。麵粉與奶油混合，加入糖粉、杏仁粉、鹽與香草粉，最後加入雞蛋，拌成麵糰。

B. 將塔皮鬆弛 30 分鐘之後，擀成約一公分厚薄的塔皮，塔模內部塗上薄薄一層奶油。

C. 放入塔模中，放入冷藏，大約 30 分鐘，預熱的烤箱 180℃。

D. 將塔皮，上面放派重石壓緊，烤約 15 分鐘，塔皮半熟，馬上出爐。

E. 取出，將焦糖餡倒入，約八分滿。放入烤箱中，大約 10 分鐘左右，或是烤熟塔皮內餡至凝固。

〔焦糖餡〕

A. 將紅糖、牛奶與奶油放在小鍋上，移到火爐上加熱，糖融化，液體均勻攪拌。

B. 離開火爐之後，放入焦糖醬和雞蛋均勻混合成焦糖餡。

焦糖布丁塔

材料 Ingredients

杯子蛋糕矽膠模型

〔塔皮〕

140g	奶油
90g	糖粉
30g	杏仁粉
1/4 小匙	鹽
1/2 小匙	香草粉
1 個	雞蛋
210g	低筋麵粉

〔布丁液〕

120g	牛奶
120g	鮮奶油
1 根	香草夾
3 個	蛋黃
25g	砂糖
2 片	吉利丁
50g	焦糖慕斯

（請參考提拉米蘇 P.181）

做法 Method

〔塔皮〕

A. 低筋麵粉、糖粉和杏仁粉分別過篩。麵粉與奶油混合，加入糖粉、杏仁粉、鹽與香草粉，最後加入雞蛋，拌成麵糰。

B. 將塔皮鬆弛 30 分鐘之後，擀成約一公分厚，薄的塔皮，放入塔模中，並放入冷藏，約 30 分鐘，預熱烤箱 180℃。

C. 將塔皮取出，放入派重石壓緊，烤約 20 ～ 30 分鐘，烤熟塔皮呈金黃色即可出爐。

D. 冷卻之後，倒入布丁液，放入冰箱冷藏，等待布丁液凝結即可享用

〔布丁液〕

A. 吉利丁泡冰水泡軟之後，再瀝乾水分備用。

B. 牛奶與鮮奶油放入鍋中加熱，蛋黃和砂糖放入大缽中，混合均勻。

C. 將熱的牛奶鍋一半倒蛋黃缽中，混合之後，全部回倒入牛奶鍋中。

D. 移到火爐上加熱到 85℃，離開火爐，加入吉利丁片拌勻，接著將焦糖慕斯均勻拌入，即完成布丁液。

4-13 焦糖與甜點

焦糖杏仁可頌

Caramel almond croissant

材料 Ingredients

5～6 個　可頌（隔夜或冷凍）

〔焦糖漿〕

150g　砂糖
500g　水

〔焦糖杏仁奶油醬〕

50g　焦糖醬（請參考 P.41）
125g　杏仁粉
125g　奶油（軟化）
125g　糖
2 顆　雞蛋

〔裝飾〕

適量　杏仁片
適量　糖粉

做法 Method

〔焦糖漿〕

A. 將砂糖放入鍋中加熱煮至焦糖狀，加入水，再煮沸成糖漿，即完成。

B. 將可頌從開口處切開至 2/3 處深，不要切斷麵包，將麵包完全浸泡熱焦糖漿，吸收糖漿。

C. 麵包打開，中間擠入杏仁奶油醬後，蓋上，麵包表面也擠上焦糖杏仁奶油醬，最後灑上杏仁片即可。

D. 放入已經預熱 180℃～ 200℃烤箱，烤約 30 分鐘或者表面奶油醬烤熟。

E. 冷卻之後，享用之前，灑上糖粉完成裝飾。

〔焦糖杏仁奶油醬〕

A. 將糖、蛋、杏仁粉（過篩）和奶油混合均勻，最後加入焦糖醬混合。

焦糖哥拉奇

Caramel kouech

材料 Ingredients

〔哥拉奇 kolache〕

650g	高筋麵粉
2 小匙	鹽
25g	新鮮酵母
120g	牛奶
2 大匙	砂糖
150g	優格
5g	蜂蜜
50g	奶油
60g	鮮奶油

〔焦糖漿〕

150g	砂糖
500g	水

〔焦糖杏仁奶油醬〕

50g	焦糖醬（請參考P.41）
125g	杏仁粉
125g	奶油（軟化）
125g	糖
2 顆	雞蛋

〔裝飾〕

適量	杏仁片

做法 Method

〔哥拉奇 kolache〕

A. 將所有材料除了奶油之外，全部放入攪拌機，攪拌成一個麵糰。

B. 或者手揉約 10 分鐘，揉成一個不黏手、不黏桌面的光滑麵糰。

C. 再加入奶油繼續攪拌（或手揉）直到麵糰完成階段。判斷法：取一小部分麵糰，拉張後透明，猶如可以看穿透明，不會破裂，即完成麵糰。

D. 先將麵糰放在溫暖室溫發酵成為兩倍大，再將空氣壓出之後，分割麵糰，整型成約 25 公分甜甜圈狀，繼續在溫暖室內發酵至少 30 分鐘。

E. 麵糰脹大，塗上蛋液，放入已預熱 200℃烤箱，烤約 30 分鐘或直到烤成金黃色便完成。

〔焦糖漿〕

A. 將砂糖放入鍋中加熱煮至焦糖狀，放入水，將其煮沸成糖漿，即完成。

〔焦糖杏仁奶油醬〕

A. 將糖、蛋、杏仁粉（過篩）和奶油混合均勻，最後和焦糖醬混合。

〔組合〕

A. 將哥奇拉從厚度部分切開，切成兩片麵包，浸熱焦糖漿，讓麵包內部吸收糖漿。

B. 第一片，擠滿杏仁奶油醬，第二片麵包蓋上表面也擠上焦糖杏仁奶油醬，最後灑上杏仁片即可。

C. 放入已經預熱 180℃～ 200℃烤箱，杏仁奶油醬烤熟即完成。

焦糖酥餅

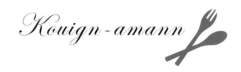

Kouign-amann

材料 Ingredients

〔千層酥皮〕

250g	高筋麵粉
6g	天然酵母
5g	奶油
240g	裹入用油
50g	砂糖
足夠	手粉
	（高筋麵粉）

〔焦糖醬〕

90g	水
5g	鹽
135g	砂糖

做法 Method

〔千層酥皮〕

A. 將麵粉、酵母和奶油（軟化）混合成一個麵糰。

B. 鬆弛 30 分鐘之後，擀成一個圓形麵糰，從中間切開十字型，從內向外，四個方向擀開麵皮成為一個大十字形狀。

C. 包入整型成四方形的裹入用油，放在中間，並包好封口。

D. 灑上手粉，使用桿麵棍，麵糰向上、下擀成長條型。

E. 折成三折之後，呈長方型，放入冰箱冷藏，鬆弛 30 分鐘。

F. 重覆做法（D）與（E）三次，每次都放入冷藏鬆弛。

G. 麵皮桿折四次之後即完成酥皮。

H. 將酥皮包入焦糖醬，再向內折成糰狀，擀開之後，再重覆一次，包入焦糖醬，表面灑上砂糖。

I. 重覆做法（H）一次，麵糰放入已預熱 180℃的烤箱當中。

J. 烤到表面金黃酥皮已熟，焦糖融化，即完成，冷卻後享用。

〔焦糖醬〕

A. 取一只小鍋中，放入水和砂糖，移到火爐上加熱，糖煮到 170℃，呈現焦糖液態狀，關火。

B. 加入鹽攪拌均勻，即可使用。

焦糖卡拉芙緹

Caramel clafoutis

材料 Ingredients

250g　牛奶
　80g　焦糖醬（請參考 P.125）
　5 個　蛋
　20g　奶油
　50g　杏仁粉
　30g　低筋麵粉
100g　酒漬櫻桃
少許　奶油
少許　萊姆酒
適量　糖粉

做法 Method

A. 麵粉過篩，奶油融化。

B. 取一只大沙拉碗，將所有材料混合成布丁液，過篩備用，器皿中塗上少許奶油，擺放酒漬櫻桃，灌注布丁液。

C. 放入已預熱 170℃烤箱烤約 30 分鐘，或者取小刀插入布丁液中間部分，已無液體，即可出爐。

D. 享用時灑上糖粉。

西班牙麵包布丁

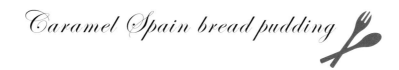

Caramel Spain bread pudding

材料 Ingredients

200g 砂糖
3 個 蛋
250g 牛奶
4～6 片 厚片奶油吐司
10～12 片 培根

〔裝飾〕

4 大匙 焦糖醬（請參考 P.41）
少許 培根碎
少許 糖粉

做法 Method

A. 平底鍋加熱後，放上培根，小火煎出油脂，煎乾之後，取出培根放在吸油紙上。

B. 使用前將培根切碎。

C. 將鍋子內放入砂糖，煮成焦糖。

D. 將牛奶和蛋混合之後，讓奶油吐司浸濕吸收至飽和。

E. 模型內放入約 2 大匙焦糖，再整齊排放上麵包，灑上培根碎（留下一些做裝飾）。

F. 放入已預熱的烤箱以 160℃，烤約 20 分鐘，或直到烤熟。

G. 享用前裝飾：淋上約 2 大匙焦糖醬，再灑上少許培根與糖粉。

英式煎餅佐焦糖醬

Crumpet with caramel sauce

材料 Ingredients

〔焦糖醬〕

5g	可可脂
80g	砂糖
25g	葡萄糖漿
65g	水
30g	奶油

〔煎餅〕

225g	麵粉
200g	溫牛奶
75g	溫水
5g	酵母粉（乾）
1g	小蘇打粉
1g	鹽
5g	糖
35g	奶油（融化）
少許	沙拉油

做法 Method

〔焦糖醬〕

A. 將鮮奶油放在小鍋中加熱，但不沸騰，備用。

B. 將砂糖、水與葡萄糖漿放入另一只大鍋中煮成焦糖狀，分次沖入熱鮮奶油，再加入奶油、可可脂、與鹽，拌勻即完成。

〔煎餅〕

A. 準備一只大鋼盆，將所有的材料放入，揉成一個軟麵糰。

B. 放在室溫溫暖之處約 30℃，發酵約 4 小時直到軟麵糰表面產生氣孔。

C. 若前一晚準備好麵糰，則應該放入冰箱冷藏。

D. 平底鍋放上少許沙拉油，一起燒熱，擺上慕斯圈模型，舀入 2 大匙軟麵糰，以小火慢慢煎熟底部，直到麵糰表面已有氣孔出現，產生凝固狀，翻面，煎熟即完成。

4-19 焦糖與甜點

焦糖瑪芬

Caramel muffin

材料 Ingredients

270g	中筋麵粉	120g	雞蛋
30g	八寶粉	250g	牛奶
10g	杏仁粉	50g	奶油（融化）
10g	泡打粉	125g	焦糖醬（請參考 P.36）
125g	砂糖	少許	烤盤油

做法 Method

A. 瑪芬模型另外抹上烤盤油，烤箱預熱 200℃。

B. 將焦糖醬放入小模型中，冷凍，變成硬焦糖塊。

C. 做麵糊。粉類過篩之後，再與砂糖、雞蛋和牛奶攪拌均勻，最後拌入奶油。

D. 將麵糊放入擠花袋中，首先擠 1/3 麵糊，在瑪芬模型中，放入焦糖塊，再擠 1/3 麵糊淹蓋住焦糖塊。

E. 放入烤箱，約 25 ～ 30 分或直到表面上色，使用小刀或者竹籤插入旁邊麵糊，無沾黏麵糊即可出爐。

4-20 焦糖與甜點

法式鄉村薄餅

Caramel crêpes

　　這個薄餅是法國西北部 Rennes 地區，傳統家庭薄餅，非常有媽媽的味道，薄餅比一般的法式薄餅厚，又比美式鬆餅大。

材料 Ingredients

100g　中筋麵粉
　2 顆　雞蛋
150g　牛奶
　20g　奶油

〔平底鍋使用〕
　少許　澄清奶油

〔裝飾〕
　適量　牛奶果醬（請參考 P.40）
　少許　覆盆子
　少許　焦糖杏仁粒

做法 Method

A. 麵粉過篩，奶油溶化，將麵粉放入大沙拉碗中，依序放入雞蛋、牛奶和奶油，攪拌成麵糊。

B. 平底鍋抹上澄清奶油，將平底鍋燒熱後，將麵糊放入，雙面煎成大又圓的金黃圓餅，即完成。

C. 裝飾擺上覆盆子與焦糖杏仁粒，享用時淋上牛奶果醬。

4-21 焦糖與甜點

焦糖厚餅乾

Caramel biscuit (Thick)

材料 Ingredients

〔焦糖甘那許 Ganache〕

130g	鮮奶油
50g	奶油
50m	水
160g	砂糖
8g	葡萄糖漿
90g	白巧克力
3g	鹽之花

〔餅乾麵糊〕

180g	奶油
240g	雞蛋
120g	蛋白
35g	紅砂糖
90g	高筋麵粉
130g	焦糖醬（請參考 P.41）
30g	甘那許（Ganache）
3g	生薑泥

〔裝飾〕

適量　糖粉

做法 Method

〔焦糖甘那許 Ganache〕

A. 鮮奶油放入微波爐加熱，不要滾沸。

B. 取一只大鍋，放入水和砂糖煮到 170℃，沖入鮮奶油，加入奶油、葡萄糖漿和鹽之花，攪拌均勻，離火備用。

C. 將白巧克力放入不鏽鋼攪拌盆中，倒入做法（B）順時鐘方向由內向外攪拌，直到白巧克力溶化即完成，冷卻使用。

〔餅乾麵糊〕

A. 麵粉過篩。奶油和糖混合，加入雞蛋與麵粉拌成麵糊，加入甘那許、焦糖醬和生薑泥。

B. 蛋白打發至乾性發泡。

C. 與做法（A）拌勻，將麵糊放入圓形烤模，烤箱預熱 180℃，烤約 15 ～ 20 分，或直到餅乾烤成金黃色，即可出爐。

D. 享用餅乾時灑上適量糖粉。

焦糖鬆餅

Caramel waffle

材料 Ingredients

〔麵糊〕

- 3 個　雞蛋
- 150g　低筋麵粉
- 75g　牛奶
- 4g　泡打粉
- 2g　鹽
- 1g　胡椒粉
- 25g　奶油（融化）

〔鬆餅機使用〕

- 少許　澄清奶油
- 適量　牛奶果醬（請參考 P.40）

做法 Method

A. 取一只沙拉碗，放入已過篩的麵粉與泡打粉，再將蛋、牛奶、鹽、胡椒粉和奶油加入拌勻。

B. 鬆餅機預熱，擦上澄清奶油，再舀入麵糊，按照鬆餅機操作，將鬆餅烤熟，兩面呈現金黃色。

C. 鬆餅淋上牛奶果醬一起趁熱食用。

焦糖脆餅乾

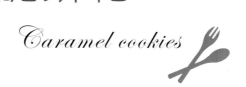

Caramel cookies

材料 Ingredients

150g　奶油
70g　砂糖
1 顆　雞蛋
3g　泡打粉
260g　低筋麵粉
125g　焦糖爆米花
適量　核桃

做法 Method

A. 奶油放室溫，麵粉、泡打粉一起過篩備用。

B. 砂糖和奶油混合均勻，再加入蛋，接著加入麵粉、泡打粉、焦糖
爆米花與核桃。混和好麵糰，鬆弛 30 分鐘。

C. 分割每一個麵糰 25g，用掌心壓成有厚度的扁圓狀，灑上少許核
桃做裝飾，烤箱預熱至 180℃，烤約 20 ～ 25 分鐘（香氣出現）
或將餅乾烤熟即可出爐。

D. 餅乾冷卻之後，可以放入密封罐保存。

4-24 焦糖與甜點

焦糖牛奶冰棒

Caramel milk pop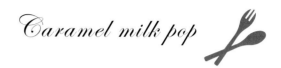

🧂 材料 Ingredients

〔a〕

90g	砂糖
250g	牛奶
25g	椰漿
100g	鮮奶油

〔b〕

60g	蛋黃
3g	鹽之花
少許	焦糖杏仁碎（請參考 P.161）
	冰棒模型

👨‍🍳 做法 Method

A. 製作焦糖（a），將鮮奶油、椰漿與牛奶放入小鍋加熱，另一只鍋子放入砂糖煮到焦糖狀。

B. 將鮮奶油沖入，焦糖醬達到 108℃即完成。

C. 焦糖醬降溫到 50℃，混入材料（b）蛋黃和鹽，完成。

D. 將冰棒放入模型中，冷藏至少 8 小時。

E. 冰棒脫模後，沾上焦糖杏仁碎。

Tips

　　冰棒醬汁製作時會有一些空氣，灌入模型中需要預留一些空間，讓冷凍之後的冰棒，有空間可以抽出來。有時候塑膠冰棒若抽不出來，可以使用木質棍棒替代。

4-25 焦糖與甜點

焦糖冰沙

Caramel sorbet

材料 Ingredients

200g　白砂糖
200g　開水
2 片　吉利丁
12g　開水
5g　咖啡粉

〔裝飾〕

適量　牛奶果醬（請參考 P.40）
　　　巧克力餅乾與捲心餅乾

做法 Method

A. 在鍋中放入砂糖，小火將糖煮到溫度到達 170℃，呈現深焦糖色，放置一旁冷卻。

B. 將吉利丁和開水（12g）混合，放入冰箱冷藏備用。

C. 將開水（200g）煮熱，取一部分混合咖啡粉，再取吉利丁（泡冰水泡軟）混合，取煮好焦糖，一起放在火爐上煮滾。過篩之後，將液體放入容器中，冷卻，置入冷凍庫，每 3 ～ 6 小時持叉子刮碎表面結冰體，來回數次，再放回冷凍。

D. 直到液體完成結冰，便完成冰砂。

E. 將冰沙舀入杯中，擠上牛奶果醬，再放上餅乾即完成。

甜筒餅乾

Caramel Ice cones cookies

　　甜筒冰淇淋最吸引人的就是餅乾，餅乾的口味也可以有變化，如：巧克力、焦糖……甜筒餅乾是格子形狀的薄脆鬆餅之一。目前市面上能找到許多製作餅乾的機器和現成的甜筒餅乾。

材料 Ingredients

90g	低筋麵粉
1/4 小匙	鹽
2 個	雞蛋
100g	砂糖
60g	奶油
90g	牛奶

〔組合〕

3〜5 支	甜筒餅乾
2 大匙	焦糖醬
	（請參考 P.32）
2 大匙	焦糖杏仁碎
	（請參考 P.161）

做法 Method

A. 甜筒餅乾機預熱。奶油溶化，待冷卻後使用。

B. 將麵粉過篩之後，與所有材料混合成麵糊。

C. 舀一大匙在餅乾機內，闔上機器，雙面烤熟，即可以趁熱定型。

D. 使用錐形捲筒，捲成冰淇淋杯狀，按住封口，冷卻之後定型。

E. 或者放入杯中做成碗狀，做出不同尺寸餅乾。

〔組合〕

A. 把焦糖醬與杏仁碎，分別放入平底盤子內。

B. 甜筒開口處，首先沾上焦糖醬，再沾上杏仁碎，放置在罐子即完成。

焦糖爆米花

Caramel popcorn

材料 Ingredients

一盒　爆米花
3 大匙　焦糖醬

〔焦糖醬〕

150g	砂糖	150g	鮮奶油
少許	水	20g	奶油
20g	葡萄糖漿	2g	鹽

做法 Method

A. 將鮮奶油放入一只小鍋中加熱，不要煮滾，取另一只大鍋，放入水、砂糖、葡萄糖漿，糖煮到 170℃，焦糖色出現，分次沖入熱鮮奶油，加入鹽與奶油攪拌均勻，即可使用。

B. 爆米花，放在火爐上以小火加熱，爆好，（或者市售微波爐爆米花，放入微波爐爆好）。

C. 將爆米花倒入大缽內 ，趁熱與焦糖醬混合拌勻。

4-28 焦糖與甜點

焦糖硬幣米香

Caramel puffed rice

　　米香是傳統的米製零嘴，記得小時候爆米香的小販，只提供技術和工具，米則是由家裡的廚房拿出來，每當到了要爆之前，小販總是會大聲警告 要爆了喔要爆了喔！大家就趕緊摀住耳朵期待爆炸之後的米香。

🥄 材料 Ingredients

一包　原味米香

〔焦糖醬〕

20g	棕梠糖	15g	奶油
80g	砂糖	100g	鮮奶油
10g	水	2g	鹽
70g	葡萄糖漿		

👨‍🍳 做法 Method

A. 將鮮奶油放入一只小鍋加熱，取另一只大鍋，放入水、砂糖、棕梠糖、葡萄糖漿，糖煮到170℃，焦糖狀，沖入熱鮮奶油，煮到120℃。

B. 加入鹽與奶油攪拌均勻關火，即可完成。

C. 將米香與焦糖醬混合即可完成。

---- Tips ----

　　可使用糖果紙包成糖果，方便攜帶，也可以放入器皿中。

蜂蜜碰餅

Honey comb

材料 Ingredients

120g	砂糖
40g	蜂蜜
8g	小蘇打

做法 Method

A. 模型內鋪烤盤紙備用。

B. 在大鍋中放入砂糖與蜂蜜，小火煮糖，煮到 158℃，加入小蘇打粉。

C. 糖漿瞬間漲大，攪拌均勻，立刻倒在烤盤上面。冷卻之後，可以任意扳斷。

—— Tips ——

可掃描 P.29 QR code，觀看動態影片。

焦糖杏仁粒

Almond caramel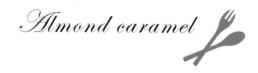

材料 Ingredients

220g 杏仁粒
70g 砂糖
18g 水

做法 Method

A. 將砂糖和水放入鍋中，糖漿煮到 150℃，離火，溫度降至 140℃。

B. 放入杏仁粒，持木匙不斷攪拌，讓杏仁粒表面翻砂，粒粒分明。

C. 全部鋪平在矽膠膜上，冷卻之後裝入密封罐保存，或者放入食物調理機內，打成粗碎狀，可以製作和裝飾糕點。

三色焦糖奶酪

Triple caramel pannacotta

材料 Ingredients

〔焦糖奶酪〕
- 150g 鮮奶油
- 150g 牛奶
- 75g 砂糖
- 4 片 吉利丁
- 20g 焦糖醬

〔白巧克力甘納許〕
- 200g 鮮奶油
- 140g 白巧克力
- 4g 吉利丁粉
- 18g 溫水
  （請參考 P.38）

〔馬斯卡邦起司焦糖慕斯〕
- 150g 砂糖
- 50g 熱水
- 115g 鮮奶油
- 55g 奶油
- 3g 鹽之花
- 1 片 吉利丁
- 6g 水
- 450g 馬斯卡邦起司（mascarpone）
- 300g 鮮奶油（打發）

做法 Method

〔焦糖奶酪〕

A. 吉利丁浸泡冷水，泡軟之後，瀝乾水分備用。

B. 鮮奶油、砂糖與牛奶放入鍋內加熱，煮至接近滾沸大約 85℃，加入吉利丁融化之後，關火，等待冷卻至 40℃，混合焦糖醬即完成，冷卻後倒入已凝固的甘納許上面。

〔白巧克力甘納許〕

A. 白巧克力放入大缽中，吉力丁粉和溫水混勻，備用。

B. 將鮮奶油放入鍋中煮沸。

C. 沖入白巧克力大缽中，順時鐘方向攪拌，由內向外，做成甘那許（Ganache）。

D. 降溫到 45℃時加入吉利丁粉。

E. 冷卻之後裝入模型，凝固備用。

〔馬斯卡邦起司焦糖慕斯〕

A. 製作焦糖，將鮮奶油放入小鍋加熱，另一只鍋子放入砂糖、水煮到焦糖狀。

B. 將鮮奶油（115g）沖入，加入奶油與鹽之花，焦糖醬達到 108℃即完成。

C. 吉利丁和水混合，放入冷藏。

D. 焦糖醬降溫到 50℃，混入吉利丁，溫度降到 40℃，混入馬斯卡邦起司。

E. 鮮奶油（300g）打發之後，與做法（D）混合完成後，倒入已凝固的奶酪上面，冷藏。

〔組合〕

底層：白巧克力甘納許
中間：焦糖奶酪
上層：馬斯卡邦起司焦糖慕斯

焦糖白巧克力
慕斯果凍

Caramel white chocolate mousse

材料 Ingredients

〔白巧克力甘納許〕
50g	鮮奶油
140g	白巧克力
4g	吉利丁粉
9g	溫水
適量	柳橙皮碎

〔焦糖奶酪〕
75g	鮮奶油
75g	牛奶
35g	砂糖
2 片	吉利丁
10g	牛奶果醬

（請參考 P.40）

〔安格列司醬〕
1 根	新鮮香草豆夾
250g	鮮奶油
125g	牛奶
50g	砂糖
113g	蛋黃
1g	鹽

做法 Method

〔白巧克力甘納許〕

A. 白巧克力放入大缽中，吉力丁粉和溫水混勻。

B. 將鮮奶油放入鍋中煮沸，加入吉利丁。

C. 沖入白巧克力大缽中，順時鐘攪拌，由內向外，做成甘那許（Ganache）。

D. 降溫到 45℃時加入柳橙皮碎。

E. 放置常溫，裝入咕咕洛夫模型，冷藏。

F. 定型之後加入焦糖奶酪。

〔焦糖奶酪〕

A. 吉利丁浸泡冷水，泡軟之後瀝乾水分備用。

B. 鮮奶油與牛奶放入鍋內加熱，煮至接近滾沸大約 85℃，加入吉利丁融化之後，關火，等待冷卻至 40℃，混合牛奶果醬即完成。

C. 灌入已定型的白巧克力甘納許上面。

〔安格列司醬〕

A. 在一只大缽中放入砂糖、鹽與蛋黃，持打蛋器，將兩者充分混合。

B. 將鮮奶油與牛奶一同放入鍋中，加入香草籽與香草豆夾，煮滾之後。

C. 倒入 1/3 到蛋黃缽中，混合，再全部回倒在牛奶鍋中。

D. 持木匙來回推拌，當溫度達到到 85℃，即完成。

〔裝飾〕

焦糖醬（參考 P.41）；牛奶果醬（參考 P.40）。

Tips

測試方法：用手指劃開沾滿醬汁的木匙，若醬汁能劃開一條空間，即完成，若無法劃開空間，表示溫度未達，醬汁仍舊不夠濃稠，煮過頭醬汁會產生結塊。

焦糖石榴果凍

Pomegranate Jelly caramel

材料 Ingredients

〔白巧克力乳酪〕

- 100g 鮮奶油
- 225g 白巧克力
- 4g 吉利丁粉
- 18g 溫水

〔石榴果凍〕

- 5g 吉利丁粉
- 30g 水
- 160ml 石榴果汁
- 25g 砂糖

做法 Method

〔白巧克力乳酪〕

A. 白巧克力放入大缽中，吉力丁粉和溫水混勻，備用。

B. 將鮮奶油放入鍋中煮沸，降溫到 45℃ 。

C. 沖入白巧克力大缽中，順時鐘方向攪拌，由內向外，做成甘那許（Ganache）。

D. 降溫到 45℃時加入吉利丁。

E. 冷卻之後裝入模型，定型之後加入石榴果凍。

〔石榴果凍〕

A. 吉利丁粉和砂糖混合。

B. 石榴汁加入水煮滾，加入做法（A），混合融化拌勻，冷卻後，灌入模型，冷藏後使用。

C. 要享用脫模的果凍時，再淋上牛奶果醬（請參考 P.40）。

三味焦糖杯

Three flavors of caramel

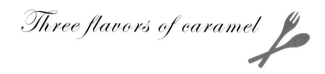

材料 Ingredients

〔白巧克力乳酪〕

50g	鮮奶油
115g	白巧克力
2g	吉利丁粉
9g	溫水

〔石榴果凍〕

5g	吉利丁粉
30g	水
160g	石榴果汁
25g	砂糖

〔焦糖奶酪〕

150g	鮮奶油
150g	牛奶
75g	砂糖
4 片	吉利丁
20g	焦糖醬
	（請參考 P.40）

做法 Method

〔白巧克力乳酪〕

A. 白巧克力放入大缽中，吉力丁粉和溫水混勻，將鮮奶油放入鍋中煮沸。

B. 沖入白巧克力大缽中，順時鐘方向攪拌，由內向外，做成甘那許（Ganache）。

C. 降溫到 45℃時加入吉利丁。

D. 冷卻之後裝入杯罐內。

〔石榴果凍〕

A. 吉利丁粉和砂糖混合。

B. 石榴汁加入水煮滾，加入做法（A），混合融化拌勻，冷卻後，灌入杯子最上層。

〔焦糖奶酪〕

A. 吉利丁浸泡冷水，泡軟之後瀝乾水分備用。

B. 鮮奶油、砂糖與牛奶放入鍋內加熱，煮至接近滾沸大約 85℃，加入吉利丁融化之後，關火，等待冷卻至 40℃，混合焦糖醬即完成，加入已定型白巧克力奶酪。

〔組合〕

第一味白巧克乳酪
第二味焦糖奶酪
第三味石榴果凍
佐焦糖醬沾滿棉花糖

熊掌焦糖杯
Caramel cake cup

—— Tips ——
另一種組合法：杯中放入熊掌蛋糕碎到入焦
糖慕斯，冷藏凝固之後，在淋上甘那許便完成。

材料 Ingredients

〔巧克力餅乾〕		〔焦糖慕斯〕		〔巧克力慕斯〕		〔裝飾熊掌蛋糕〕	
3 個	蛋白	200g	鮮奶油	40g	砂糖	少許	翻糖
90g	砂糖	40g	蛋黃	1g	香草鹽	少許	粉色糖株
50g	蛋黃	2 片	吉利丁	100g	鮮奶油		
110g	麵粉	100g	砂糖	55g	蛋黃		
10g	可可粉	80g	奶油	120g	66% Caraïbe 巧克力		
適量	奶油	20g	焦糖醬	300g	鮮奶油（打發）		

做法 Method

〔巧克力餅乾〕

A. 將 10g 砂糖與蛋黃混合，麵粉和可可粉分別過篩，模型內均勻塗上奶油。

B. 蛋白打發到濕性發泡，加入砂糖，繼續打發到乾性發泡（蛋白尖嘴挺立）。

C. 蛋黃、麵粉和蛋白交叉、混合拌勻。

D. 將麵糊擠入熊掌型模型當中。

E. 放入烤箱預熱 170℃，烤約 10 ～ 15 分鐘，蛋糕烤熟，出爐後，冷卻後脫模。

〔焦糖慕斯〕

A. 吉利丁泡冰水泡軟，瀝乾水分備用。

B. 砂糖放入鍋中，煮成焦糖，關火，放入奶油，混合之後，溫度降到 50℃，加入吉利丁和蛋黃拌勻。

C. 鮮奶油打發（不要太發），拌入焦糖醬。

〔巧克力慕斯〕

A. 將砂糖放入鍋中，加入香草鹽，加熱煮到焦糖化。冷卻之後，再將焦糖和蛋黃放入大缽中混合均勻。

B. 醬汁鍋中放入鮮奶油（100g），煮滾。沖入 1/5 份量，和蛋黃鍋混合。

C. 混合之後，全部混合物，回倒醬汁鍋內一起煮到 85℃。

D. 巧克力放入一只大缽中，混合物沖入巧克力中，以順時針方向攪拌 ，直到巧克力平均融化，便完成甘那許。鮮奶油（300g）打發之後與甘那許混合。

E. 杯中倒入甘那許放入冷藏，凝固之後淋上焦糖慕斯，放上熊掌蛋糕就完成了。

〔裝飾熊掌蛋糕〕

A. 將翻糖（請參考 P.16）放入擠花袋中，在手指和手掌上， 擠上適量翻糖，黏上粉紅糖珠。

4-36 焦糖與甜點

焦糖米布丁

Caramel rice pudding

　　這是一道使用蛋與牛奶就能喚醒童年記憶的歐洲傳統家庭甜點，加上香氣十足的杏仁奶酥，傳統的味道穿越時空，安撫人心。

材料 Ingredients

〔杏仁奶酥〕

- 125g 杏仁粉
- 125g 奶油（軟化）
- 125g 糖
- 2 顆 雞蛋

〔布丁〕

- 1 杯 生米
- 500g 椰奶（或者牛奶）
- 20g 黑葡萄乾
- 2g 鹽
- 2g 檸檬皮碎
- 2g 裝飾用椰子絲
  薄稀焦糖醬
  （請參考 P.38）

做法 Method

〔杏仁奶酥〕

A. 將糖、蛋、杏仁粉混合均勻，最後加入奶油混合。

B. 材料混合均勻，即完成，放入方型的蛋糕模型。

C. 放入已預熱烤箱 170℃，烤約 15 ～ 20 分鐘左右，烤熟杏仁奶酥，表面金黃色，中間插入竹籤且不沾黏麵糊，就可以出爐了，冷卻之後，切成四方小丁備用。

〔布丁〕

A. 生米洗乾淨之後，與椰奶一起放入鍋中，以小火煮滾，加入葡萄乾，繼續煮到米接近八分熟。

B. 邊煮邊攪拌，水分不夠，可以再自行加入椰奶或者牛奶，最後加入鹽與檸檬皮碎即完成。

C. 煮好的布丁必須如濃稠的燕麥粥，每一種米的水吸收量不同，如果爐火較大，也容易煮乾水分。

D. 米布丁裝入容器中，放上杏仁奶酥淋上焦糖醬灑上少許椰子絲，就可以享用了。

焦糖烤布蕾

Crème brûlée

材料 Ingredients

185g	牛奶
40g	鮮奶油
40g	砂糖
60g	蛋黃
1/2 根	新鮮香草夾

〔裝飾〕

適量 砂糖

做法 Method

A. 新鮮香草夾，剖開一半，刮出香草籽，將上述所有材料混合（不包括裝飾），過篩之後，放入模型中。

B. 烤箱預熱 120℃，放入烤布蕾，大約 30～40 分鐘，直到用手晃動布丁液，已經凝固且不動搖。

C. 享用前表面灑上足夠砂糖，使用火噴槍，將砂糖焦化，形成一層硬脆的焦糖片。

焦糖蘋果梨

Poached apple pear in caramel

材料 Ingredients

1 顆	蘋果	3 顆	檸檬汁
1 顆	西洋梨	少許	蘋果酒
100g	砂糖	25g	奶油
50g	蜂蜜		
100g	砂糖	〔裝飾〕	
500g	水	少許	檸檬碎

做法 Method

A. 蘋果和西洋梨，洗乾淨後，削去外皮，將中心的籽挖空後，再切成薄片。

B. 鍋中放入砂糖、蜂蜜和水，煮成金黃色之後，轉小火放入奶油、檸檬汁、蘋果酒、蘋果與洋梨，再繼續煮約 1 小時，直到水果變軟略帶透明，浸置鍋中一晚。

C. 第二天，取圓形筒模型，將水果放入，堆疊成筒狀，放入冰箱，冷藏至少 4 小時，直到水果凝結。

D. 脫模，將水果放盤子中間，再淋上醬汁，灑上少許檸檬皮碎。

E. 先吃原味，再淋上焦糖醬，能夠享受兩種風味。

糖煮洋梨佐焦糖醬

Poached pear with caramel sauce

🧂 材料 Ingredients

700g	砂糖
1000g	水
5 顆	西洋梨
2 顆	黃檸檬
200g	新鮮柳橙汁
2 根	肉桂棒
半根	香草豆莢
2 顆	八角
5 顆	黑胡椒粒
焦糖醬	百香果焦糖醬（請參考 P.46）
	鹽之花焦糖奶油醬（請參考 P.42）

👨‍🍳 做法 Method

A. 西洋梨削去外皮，保持原有的形狀，黃檸檬切片。

B. 將所有的材料一起放入大鍋中，以小火慢煮至少兩小時，直到西洋梨變軟卻不變形。

C. 關上火之後，蓋上保鮮膜或蓋子，直到冷卻，放入冰箱冷藏。

D. 享用時，將西洋梨撈出，過濾出香料，使用有點深度盤子舀上糖漿與檸檬片。放上西洋梨之後，最後淋上焦糖醬，便完成了。

—— Tips ——

吃這道甜點也可以將西洋梨切片後擺平整，放上冰淇淋和鮮奶油喔！

焦糖冰雪舒芙蕾

Poached pear with caramel sauce

材料 Ingredients

250g	鮮奶油（a）	18g	水
1 根	香草夾	80g	蛋黃
65g	葡萄糖漿	200g	鮮奶油（b）
90g	砂糖	數顆	柳橙
3 片	吉利丁		

做法 Method

A. 將吉利丁片，剪成小塊和水混合之後，放入冰箱冷藏。將柳橙 2/3 處切開，並將果肉挖空備用。

B. 鮮奶油（b）打發後冷藏。

C. 蛋黃與砂糖放入大盆中，持打蛋器，讓砂糖把蛋打熟。

D. 手持小刀把香草夾對切開，再使用刀背將香草籽刮出來和鮮奶油（a）、葡萄糖漿，一起放入小鍋中煮滾後，將 1/4 的份量沖入做法（C）盆內。再全部回倒入鮮奶油鍋，煮到約 85℃，關火。

E. 加入吉利丁，冷卻後再與鮮奶油（b）混合，做成舒芙蕾醬。

F. 取已挖空柳橙，在圓型慕斯圈內放入烤盤紙，再放回柳橙內，將舒芙蕾醬灌入約八分滿，冷凍。

G. 享用前灑上足夠砂糖，使用噴槍小火，將表面砂糖焦化，即完成這道甜點。

--- Tips ---

在裁切烤盤紙時，可拿烤盤紙包住慕絲圈，裁下同慕絲圈的長度與高度。

焦糖提拉米蘇

Caramel Tiramisu

材料 Ingredients

〔手指餅乾〕 〔可可糖漿〕 〔焦糖慕斯〕

5 個	蛋白	20g	可可粉	75g	砂糖	6g	水
5 個	蛋黃	250g	熱水	25g	熱水	250g	馬斯卡邦起司
125g	砂糖	125g	砂糖	58g	鮮奶油		（mascarpone）
150g	低筋麵粉	1 顆	柳橙皮碎	28g	奶油	150g	鮮奶油
適量	糖粉	1 大匙	君度橙酒	3g	鹽之花		裝飾用可可粉
				1 片	吉利丁		

做法 Method

〔手指餅乾〕

A. 蛋白先打發，成為濕性發泡（蛋白尖嘴下垂），加入砂糖（25g）繼續打發到乾性發泡（蛋白尖嘴挺立）。

B. 麵粉過篩，砂糖（100g）與蛋黃混合攪拌均勻。

C. 蛋黃與麵粉和蛋白交叉、混合拌勻。

D. 烤盤上先鋪上烤盤紙，將麵糊擠成約兩吋長條狀，在烤盤紙上，表面灑上糖粉。

E. 放入已預熱 170℃的烤箱，烤約 10 ～ 15 分鐘，餅乾烤熟，出爐後，馬上放置鐵架上。

〔可可糖漿〕

A. 將可可粉與砂糖混合。鍋內放入熱水再加入可可砂糖，移到火爐上煮，邊煮邊混合，煮滾沸關火，淋上君度橙酒和柳橙皮碎即完成。

〔焦糖慕斯〕

A. 製作焦糖醬，將鮮奶油放入小鍋加熱，另一只大鍋子放入水、砂糖煮到焦糖狀。

B. 將鮮奶油沖入，加入奶油與鹽之花，焦糖醬達到 108℃即完成。

C. 吉利丁泡冰水，冷藏。

D. 焦糖醬降溫到 50℃，混入吉利丁，溫度降到 40℃，混入馬斯卡邦起司。

E. 鮮奶油打發之後，與焦糖醬混合。

〔組合〕樂扣外帶保鮮盒

A. 所有餅乾浸入可可糖漿，保鮮盒底層，擺滿手指餅乾，第 2 層倒入焦糖慕斯，第 3 層重覆鋪上餅乾，第 4 層重覆加入慕斯。

B. 食用前至少約 8 小時凝固，灑滿可可粉。

榛果焦糖炸饅頭

Deep fried bun with hazelnut caramel

　　小時候媽媽忙碌時，沒空煮稀飯，便會將吃不完的隔夜饅頭，切成厚片、沾上蛋液，炸成金黃酥脆，灑上些鹽巴，馬上用日曆紙包裹好放進塑膠袋，讓我拿著熱騰騰的早餐趕公車。。

　　油炸饅頭的香氣，用力的從書包中掙脫出來，讓一起搭公車上學的同學，垂涎三尺，炸饅頭變成和大家分享的營養早餐，還沒到學校就被大家吃光了（我常常沒吃到）。

　　事實上炸饅頭比炸吐司更具魅力，夾上酸菜灑上花生粉也是一道美味的放學後點心，炸饅頭是我的童年早餐記憶，塗抹上焦糖醬也可以轉變成另一個美味記憶。

材料 Ingredients

一瓶　榛果焦糖醬（請參考 P.47）
一顆　山東饅頭
一顆　雞蛋
適量　沙拉油

做法 Method

A. 將饅頭切成厚片沾上蛋液，放入已預熱的油鍋中油炸，炸到兩面金黃色，撈出來放在吸油紙上瀝乾油分。

B. 塗抹上榛果焦糖醬就可以享用了。

Tips

也可以用油煎饅頭，但是必須確定饅頭的柔軟度（解凍後）。

焦糖拿鐵

Caramel latte

材料 Ingredients

一杯　拿鐵咖啡
10g　鹽之花焦糖奶油醬（請參考 P.42）

〔焦糖醬〕

60g　水
250g　白砂糖
250g　鮮奶油（熱）
3g　鹽之花
60g　奶油（切小丁）

做法 Method

A. 焦糖醬做好冷卻之後，淋在剛做好的熱拿鐵咖啡，即完成焦糖拿鐵。

〔焦糖醬〕

A. 將鮮奶油加熱，取一只鍋中，放入水、砂糖、糖煮到 170℃，焦糖狀，沖入熱鮮奶油，煮到 120℃。

B. 加入鹽與奶油攪拌均勻，關火，冷卻即可使用。

---- Tips ----

　　拿鐵冷卻之後也可以擠上鮮奶油，淋上焦糖醬，就是一杯美味的焦糖瑪奇朵。

焦糖夾心餅乾

Caramel biscuit

　　這是運用焦糖切下來的四邊與不規則形狀與餅乾做變化，可運用手邊的糖果邊和不同的餅乾或者蛋糕體做變化。

材料 Ingredients

12 片　焦糖餅乾（Lotus）
300g　鹹焦糖（請參考 P.99）

做法 Method

A. 集合焦糖邊，放入器皿中，使用微波爐加熱，加熱到焦糖成為液態。

B. 稍微冷卻之後，焦糖是醬料的質地，馬上塗抹在餅乾上面，和另一片餅乾，夾起來，做成夾心餅乾。

焦糖奶油蛋糕

Caramel butter cake

運用焦糖變化蛋糕的風味，將變軟的焦糖或者太硬的焦糖放入微波爐，融化成醬，就可以讓焦糖有新吃法喔！

材料 Ingredients

115g	奶油	20g	糖漬柳橙絲
175g	麵粉	5 顆	鹹焦糖（請參考 P.99）
8g	泡打粉	2 大匙	焦糖杏仁粒粉（請參考 P.161）
150g	砂糖		
150g	雞蛋	〔準備〕	
40g	牛奶	模型噴上烤盤油	

做法 Method

A. 奶油軟化和已經過篩的麵粉和泡打粉一起混合均勻，依序加入砂糖、雞蛋和牛奶，最後加入糖漬柳橙絲。

B. 將麵糊舀入擠花袋，平均擠入方型模具約八分滿，放入已預熱170℃的烤箱，烤約 25 ～ 30 分鐘，或者表面呈現金黃，持小刀插入麵糊中心，兩面不沾麵糊即可出爐。

C. 焦糖放入平底的盤子，放入微波爐加熱熔化，成流性焦糖醬，手持冷卻的奶油蛋糕，底部沾上焦糖醬，均勻沾滿接著灑上焦糖杏仁糖粒粉，便大功告成了。

❖ 特別收錄

在拉丁美洲地區，焦糖牛奶醬（Dulce de leche）非常受到歡迎，在墨西哥、巴拉圭、秘魯、阿根廷、智利、烏拉圭、巴西、厄瓜多爾、玻利維亞、哥倫比亞和委內瑞拉，普遍能吃到焦糖牛奶醬。在亞洲菲律賓焦糖牛奶醬會出現在早餐與麵包一起吃。法國的薩瓦省和諾曼第省很常見牛奶果醬（confiture de lait），也是類似焦糖牛奶醬。牛奶焦糖醬與餅乾、蛋糕、冰淇淋、優格……甜點搭配都能獲得大眾喜愛。

焦糖牛奶醬  一般傳統製作方法。

動態影片連結

🧂 材料 Ingredients

1000ml	牛奶
350g	二砂糖
1 小匙	蘇打粉
1 根	香草豆莢（挖出香草籽）

👨‍🍳 做法 Method

A. 將牛奶放進小鍋中煮熱備用。

B. 另一只大鍋放入二砂糖煮到焦糖色，將牛奶沖入。

C. 小火慢煮，保持滾沸，加入香草籽，不定時攪拌，以防止黏鍋。

D. 煮到牛奶濃稠度，加入小蘇打粉，拌勻。

E. 判斷法：將一大滴牛奶放入盤中，牛奶凝固成為有高度的圓型。

F. 趁熱裝入玻璃罐中，密封蓋上，開罐後，冷藏可放置至少一個月。

焦糖煉奶醬 如果像要親手自製焦糖牛奶醬，一般家庭會用最簡便的偷吃步的方法製作。

🧂 材料 Ingredients

一罐	煉奶
1000g	冷水

👨‍🍳 做法 Method

A. 將煉奶罐頭（撕去外包裝），大鍋首先放入煉奶罐。

B. 接著注入冷水淹蓋住罐頭，水量要高過罐頭一倍高。

C. 蓋上鍋蓋，鍋子移到火爐上，以小火開始煮，大約煮 2～3 小時，取出罐頭。

D. 冷卻後，打開罐頭，白色煉奶變成焦糖色，就完成了。

E. 煮的時候，必須要特別注意安全，也聽說整個罐頭爆炸事件，採用傳統做法會更安全。

好書推薦

果醬女王的薄餅 & 鬆餅：
簡單用平底鍋變化出 71 款美味

于美芮 著

定價：389 元

從最基礎的鬆餅 & 薄餅開始，教你搭配泰式、中式、美式等不同國家的美食元素，做出無國界美味料理！

果醬女王之法國藍帶級甜點

于美芮 著

定價：320 元

隨著法國藍帶級甜點主廚的私房筆記，製作出道地的法式小點，不論是糕點、派塔、薄餅、 巧克力等，讓你在家也可以輕鬆做出藍帶級甜點。

甜點女王的百變杯子蛋糕：
用百摺杯做出經典風味蛋糕

（附完美 9 色矽膠百摺杯模 9 入組）

賴曉梅 著

定價：520 元

以蔬果、新鮮食材為主的杯子蛋糕，使用矽膠百摺杯烘烤，搭配詳細的食材分量與作法說明，作法簡單容易上手，零失敗的烘焙食譜一學就會！

甜點女王的百變咕咕霍夫：
用點心模做出鬆軟綿密的蛋糕與慕斯

（附繽紛矽膠點心摺模 4 入組）

賴曉梅 著

定價：520 元

以蔬果、新鮮食材為主的杯子蛋糕，使用矽膠百摺杯烘烤，搭配詳細的食材分量與作法說明，作法簡單容易上手，零失敗的烘焙食譜一學就會！

全國食材廣場

你要的食材一次購足
~Healthy for you~

在忙碌的生活中體會下廚的美妙，從食譜的研究到採買食材，只需要優雅的推著手推車，漫步在全國食材廣場中，新時代有新體驗，全國食材廣場提供優質的商品，透明的價格，做餐飲生意從食材到器材一次準備到位！

【烹調美食 盡在全國】

位於桃園市區，座落於大有路上的全國食材廣場，巨型招牌鮮明搶眼，佔地千坪十分大器，備有停車場！

走進全國食材一探究竟，裡頭陳列了各式食材及器具，種類繁多；觸目可見的是分類得宜、排列整齊的各式商品，置身其中，彷彿有進入魔幻食材森林的錯覺。這裡有市面少見的食材器具，應有盡有的食材商品，令人目不暇給，仔細觀察不難發現，這裡的商品可是大容量的喔！量大價低，更能回饋消費者，光用看的就覺得很過癮，讓您邊逛邊看、邊看邊挑，就像在挖寶一樣，喜歡烹飪烘焙的朋友，一定會喜歡上到這邊shopping的感覺！

隨著時代潮流變遷，跳脫出傳統市場及各式食材的相異性，將全國食材廣場整合成新形態原料專業賣場，以整齊清潔的陳列方式，擁有會員制度，可集紅利點數回饋，附設廚藝教室，聘請名師授課，讓全國食材不只是購物，更是能讓您手藝可以學習成長的好地方。

全國食材廣場是「社區的好鄰居，生意人的好麻吉」，提供顧客輕鬆購物，優質的商品、實在透明的價格、以及貼心的服務，讓您「一次購足，歡喜滿意」！

營業項目　大宗食品原料 / 南北雜貨 / 素食食材　進口食品原料 / 沖調系列 / 烘焙原料　低溫食材 / 休閒零食 / 餐飲烘焙器具　禮盒包裝 / 免洗餐具

全國食材廣場
全國食材廣場
330 桃園區大有路85號
食品與雜貨，10200人說讚，1055人在這裡打過卡

登入Facebook搜尋全國食材廣場加入粉絲專頁
即可獲得最新的課程資訊和商品訊息喔~

地址：桃園市桃園區大有路85號
電話：(03)3339985/(03)3316508
門市每日營業時間 09:00-21:30
http://www.cross-country.com.tw

PRIME ONE
STEAK HOUSE

世 界 之 最　夢 幻 食 材

21天熟成美國肋眼、法國生蠔、伊比利豬
無｜限｜供｜應

活動日期：即日起~2016/12/31每週日上午10:30~14:00（週日自助式早午餐）

價格：單主菜〈21天乾式熟成肋眼與法國現剖生蠔無限供應〉

NT$ 2,280+10%/位；兒童NT$ 2,000+10%/位

雙主菜〈伊比利豬、21天乾式熟成肋眼、法國現剖生蠔無限供應〉

NT$ 3,280+10%/位；兒童NT$ 3,000+10%/位

預訂電話：(02)2314-3300分機3368 台北花園大酒店 PRIME ONE 牛排館

Taipei
GARDEN HOTEL
台北花園大酒店

台北市 10065 中正區中華路二段 1 號
No.1, Sec.2, Zhonghua Rd., Zhongzheng District Taipei City 10065, Taiwan
TEL：+886-2-2314-6611　FAX：+886-2-2314-5511　www.taipeigarden.com.tw

焦糖,甜甜心
CARAMEL

書　名	焦糖，甜甜心！！
作　者	于美芮
發行人	程安琪
總策劃	程顯灝
總企劃	盧美娜
出版總監	林蔚穎
主　編	譽緻國際美學企業社・莊旻嬑
美　編	譽緻國際美學企業社・彭程，高毅翔
封面設計	洪瑞伯
行銷企畫	黃世澤、梁祐榕
攝影師	子宇影像工作室、徐愷謙（作者照）
藝文空間	三友藝文複合空間
地　址	106 台北市大安區安和路二段 213 號 9 樓
電　話	(02) 2377-1163
發行部	侯莉莉
出版者	橘子文化事業有限公司
總代理	三友圖書有限公司
地　址	106 台北市安和路 2 段 213 號 4 樓
電　話	(02) 2377-4155
傳　眞	(02) 2377-4355
E-mail	service @sanyau.com.tw
郵政劃撥	05844889　三友圖書有限公司
總經銷	大和書報圖書股份有限公司
地　址	新北市新莊區五工五路 2 號
電　話	(02) 8990-2588
傳　眞	(02) 2299-7900

特別感謝：

　　天成大家庭的家長張東豪先生與石益鳴先生與家人（魏景振、林宜興、陳嘉緯、羅彬昌、傅崇禮、許峻雄、王潔婷、柯雅馨、吳永滿、趙雅琳）、天成集團 TICC 國際會議中心提供場地、全國食材廣場與簡湘鈺熱情贊助、折霖公司曾富興的熱情支持。

器材提供：捍陞有限公司

初　版　2016 年 2 月
定　價　新臺幣 360 元
Ｉ Ｓ Ｂ Ｎ　978-986-364-057-8（平裝）

國家圖書館出版品預行編目 (CIP) 資料

焦糖，甜甜心！！ / 于美芮作 . — 初版 .
— 臺北市：橘子文化，2016.02
面 ；　公分
ISBN 978-986-364-057-8（平裝）

1.點心食譜

427.16　　　　　　　　　104028879

http://www.ju-zi.com.tw
三友圖書
友直 友諒 友多聞

三友官網

三友Line@